高等院校基础课系列教材

微积分与数学模型

WEIJI FEN YU SHUXUE MOXING

主编　闫东　张莉　周航

重庆大学出版社

内容提要

本书注重通过应用实例引入与认识概念加强数学建模与数学实验的教学内容，从而促进学生知识、能力和素质的融合。本书内容分为5章，内容涉及函数与初等函数、极限与连续、导数与微分、微分中值定理与导数的应用、定积分与不定积分、定积分的应用与积分模型、多元函数微分学及应用。根据数学理论的进程，循序渐进地引入数学建模实践环节相关的内容，培养学生利用数学知识解决实际问题的能力。

本书不仅适合普通高等院校经济类和管理类各专业学生使用，也可以作为考研的复习参考书。

图书在版编目(CIP)数据

微积分与数学模型 / 闫东，张莉，周航主编. -- 重庆：重庆大学出版社，2021.1

ISBN 978-7-5689-2567-9

Ⅰ. ①微… Ⅱ. ①闫… ②张… ③周… Ⅲ. ①微积分—高等学校—教材②数学模型—高等学校—教材 Ⅳ. ①O172②O141.4

中国版本图书馆 CIP 数据核字(2021)第 020203 号

微积分与数学模型

主 编 闫 东 张 莉 周 航

策划编辑：鲁 黎

责任编辑：陈 力 版式设计：鲁 黎

责任校对：王 倩 责任印制：张 策

*

重庆大学出版社出版发行

出版人：饶帮华

社址：重庆市沙坪坝区大学城西路21号

邮编：401331

电话：(023) 88617190 88617185(中小学)

传真：(023) 88617186 88617166

网址：http://www.cqup.com.cn

邮箱：fxk@cqup.com.cn (营销中心)

全国新华书店经销

重庆市国丰印务有限责任公司印刷

*

开本：720mm×960mm 1/16 印张：10 字数：150千

2021年1月第1版 2021年1月第1次印刷

印数：1—1 500

ISBN 978-7-5689-2567-9 定价：38.00元

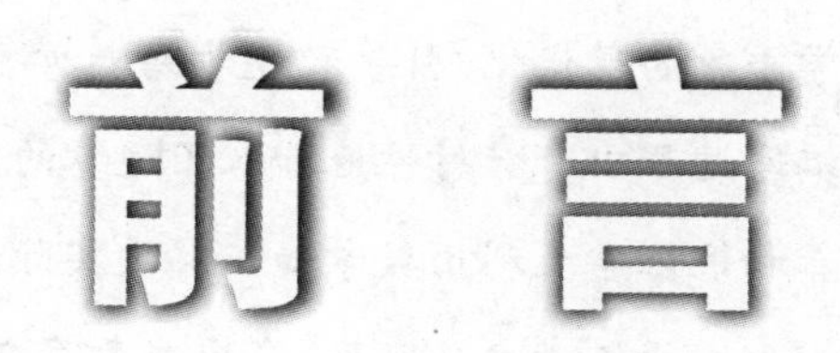

前言

众所周知,现代科学技术的迅速发展,尤其是计算手段、网络技术的日益更新,为数学学科开辟了无限广阔的应用空间,各行各业对数学技术的依赖与要求日益迫切,数学知识的重要性进一步凸显,而微积分作为帮助学生进入科学和工程领域的基础知识也越来越受到重视。

微分和积分本身就是重要的计算技术,但在传统的高等数学教材中,对建立积分表达式不可或缺的微元法,却没有清晰的理论基础,微分作为"逼近"思想和逼近技术的基础,积分作为黎曼和的逼近,级数作为函数逼近等,都缺乏说明和引导。把逼近这个既体现为贯串微积分的思想方法同时也体现为具体而可操作的技术的内容,作为微积分应用的基础加以强调,并统领微积分中的众多应用算法,再辅以"易懂易做"的相关训练,就有希望在使逼近成为具体的计算技术而易于为学生掌握的同时,也加深学生对微积分理论的理解,使理论和应用两方面的教育互相促进,形成良性循环,使"会用微积分"成为学生可望可及的目标。为此,我们在教材中对相关概念的提法和叙述方式进行了较大程度的改造和完善。

本书由闫东、张莉、周航主编,书中在强调数学理论与应用、认识与实践、思维与方法教学的同时,注重通过应用实例引入与认识概念,通过加强数学建模与数学实验的教学内容促进学生知识、能力和素质的融合,力争教学内容与教学手段的现代化,引导和逐步培养学生的创新思维与创新能力。为此,我们在编写过程中有针对性地加入了适量的数学建模例题,以期在学习过程中逐步培养和锻炼学生利用数学知识解决实际问题的能力。

由于编者水平有限,书中难免存在不妥之处,恳请广大专家、同行和读者批评指正。

编　者

2021 年 3 月

目　录

第1章　函数、极限与连续

函数是数学中的一个基本概念，它反映了客观世界中变量变化之间的相依关系，是微积分的主要研究对象. 极限是研究微积分的重要工具. 本章介绍函数的概念及特性，极限的概念、性质与运算以及函数的连续性. 它既是学习微积分的基础，也是数学应用中建立数学模型的基础.

1.1　函数的基本概念

1.1.1　准备知识

1) 集合

集合是由某些指定对象组成的总体. 通常用大写字母 $A,B,C,\cdots$ 表示集合. 构成集合的成员称为**元素**，一般用小写字母 $a,b,c,\cdots$ 表示. 并且，若 a 是集合 A 的元素，则可记作 $a\in A$，读作"a 属于 A". 不含任何元素的集合称为**空集**，记作 $\varnothing$. 本书所涉及的集合主要是数集. 一般来说，自然数集合用 $\mathbf{N}$ 表示；正整数集合用 $\mathbf{N}^*$ 表示；整数集合用 $\mathbf{Z}$ 表示；有理数集合 用 $\mathbf{Q}$ 表示；实数集合用 $\mathbf{R}$ 表示.

2)区间

设a和b都是实数,且$a<b$,则数集$\{x \mid a<x<b\}$称为开区间,记作(a,b);数集$\{x \mid a \leqslant x \leqslant b\}$称为**闭区间**,记作$[a,b]$. 类似地,$[a,b)=\{x \mid a \leqslant x<b\}$和$(a,b]=\{x \mid a<x \leqslant b\}$都称为**半开区间**. 以上这些区间的长度是有限的,统称为**有限区间**. 否则,称为**无限区间**,如$[a,+\infty)=\{x \mid x \geqslant a\}$.

另外,还有一类特殊的区间在本书的数学表述中经常遇到,就是邻域. 开区间$(a-\delta,a+\delta)$称为点a的δ **邻域**,记作$U(a,\delta)$. 点a的δ邻域去掉中心a后,称为点a的去心δ **邻域**,记作$\mathring{U}(a,\delta)$.

在以后的数学表述中,有两个常用的逻辑量词符号“$\forall$”和“$\exists$”.“$\forall$”表示“任意”,“$\exists$”表示“存在”.

1.1.2 函数定义

生活中充满了许多变化的量,而这些量的变化往往不是独立的,它们是遵循一定规律相互关联的. 例如,自由落体运动中物体下落的距离s随时间t而变化;圆的面积A随半径r的改变而改变……为更好地把握变量变化之间的客观规律,人们可以用图形、表格或数学表达式来表示它们之间的数量关系. 下面来看几个具体实例.

例 1-1 专家发现,学生的注意力随老师讲课时间的变化而变化. 讲课开始时,学生的兴趣激增;中间有一段时间,学生的兴趣保持较理想的状态;随后,学生的注意力开始分散. 设$f(t)$表示学生的注意力,t表示时间. $f(t)$越大,表明学生注意力越集中. 经实验分析得知:

$$f(t)=\begin{cases} -t^2+24t+100, & 0<t \leqslant 10, \\ 240, & 10<t \leqslant 20, \\ -7t+380, & 20<t \leqslant 40. \end{cases}$$

例 1-1 中的学生注意力$f(t)$就是时间t的函数,而且还是分段定义的. 函数$f(t)$的图像如图 1-1 所示.

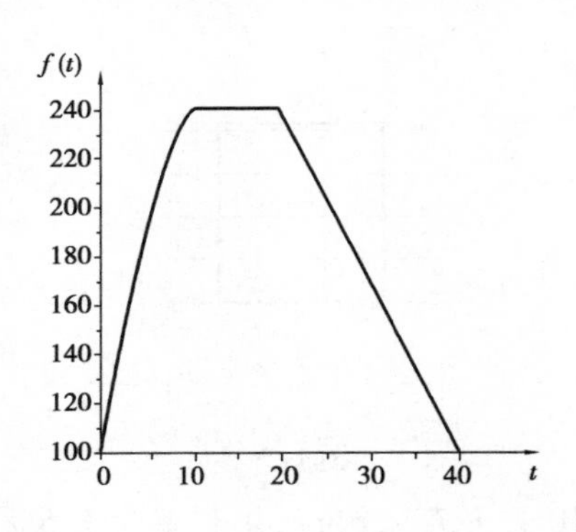

图 1-1

例 1-2 据统计,20 世纪 60 年代世界人口数据见表 1-1(单位:亿),根据表中数据,可用关系式 $N(t)=e^{0.186t-33.0383}$ 进行数据拟合得到世界人口随时间的变化规律.

表 1-1

年份	1960	1961	1962	1963	1964	1965	1966	1967	1968
人口/亿	29.72	30.61	31.51	32.13	32.34	32.85	33.56	34.20	34.83

例 1-3 某小行星运行过程中位置的 10 个观测点数据见表 1-2,据此,也可模拟出此小行星的运行轨道方程为 $\dfrac{(x-0.2852)^2}{0.8549^2}+\dfrac{(y-0.6678)^2}{0.5462^2}=1$.

表 1-2

x	1.02	0.95	0.87	0.77	0.67	0.56	0.44	0.30	0.16	0.01
y	0.39	0.32	0.27	0.22	0.18	0.15	0.13	0.12	0.13	0.15

例 1-4 如图 1-2 所示,在匀强磁场中匀速转动的矩形线圈的周期为 T,转轴 O_1O_2 垂直于磁场方向,线圈电阻为 2 Ω. 从线圈平面与磁场方向平行时开始计时,线圈转过 60°时的感应电流为 1 A. 于是人们可以计算出任意时刻线圈中的感应电动势与时间的关系式为 $\varepsilon=4\cos\dfrac{2\pi}{T}t$.

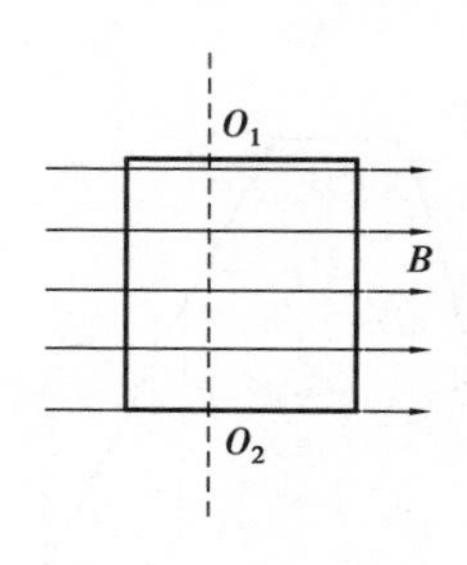

图 1-2

例 1-5　某储户将 10 万元存入银行,年利率为 1.5%,则 10 年间每年年末的存款额与时间的关系可用表 1-3 说明.

表 1-3

年份	第 1 年	第 2 年	第 3 年	第 4 年	第 5 年	第 6 年	第 7 年	第 8 年	第 9 年	第 10 年
存款额/元	101 500	103 023	104 568	106 136	107 728	109 344	110 984	112 649	114 339	116 054

纵观上述例子,可以给出函数的定义.

定义 1-1　设 x 和 y 是两个变量,D 是一个给定的数集. 如果对于 $\forall x \in D$,按照某一法则 f,变量 y 都有确定的值和它对应,则称 f 为定义在 D 上的**函数**. 数集 D 称为该函数的**定义域**, x 称为**自变量**,y 称为**因变量**. 与自变量 x 对应的因变量 y 的值可记作 $f(x)$,称为函数 f 在点 x 处的**函数值**. D 上所有数值对应的全体函数值的集合称为**值域**.

上述例 1 至例 5 中均涉及了不同的函数. 例 1 中的 $f(t)$ 是定义在区间 $[0,40]$ 上的函数,例 2 中的关系式 $N(t)=\mathrm{e}^{0.018\,6t-33.038\,3}$ 是以时间 t 为自变量,人口 N 为因变量的函数,例 3 中的轨道方程说明了小行星运行位置的坐标之间的函数关系,例 4 中的关系式给出了任意时刻线圈中的感应电动势与时间的函数关系,例 5 中存款额是定义在正整数集 $\mathbf{N}^*$ 上的函数.

若对 $\forall x \in D$,对应的函数值总是唯一的,则将函数称为**单值函数**,否则称为**多值函数**. 本书中如不特别说明,所指函数均为单值函数.

1.1.3 函数特性

1）函数的有界性

函数的有界性是研究函数的自变量在某一确定范围变化时，其取值是否有界的性质. 具体来说，设$f(x)$在集合X上有定义，若$\exists M>0$，使得对$\forall x\in X$都有$|f(x)|\leqslant M$，则称函数$f(x)$在X上**有界**；否则，称函数$f(x)$在X上**无界**.

例如，函数$f(x)=\sin x$在$(-\infty,+\infty)$上是有界的，因为$\exists M=1>0$，使得对$\forall x\in(-\infty,+\infty)$都有$|\sin x|\leqslant 1$. 当然，这里$M$的取值并不是唯一的，也可以取$M=2$. 类似分析可得到函数$f(x)=e^x$在$(-\infty,+\infty)$上无界，但在$(-\infty,0)$上有界.

2）函数的单调性

函数的单调性是在研究函数的自变量增加时，其取值是增加还是减少的性质. 具体来说，设$f(x)$在区间I上有定义，若对$\forall x_1,x_2\in I$，且$x_1<x_2$，恒有$f(x_1)\leqslant f(x_2)$，则称函数$f(x)$在I上**单调递增**；若对$\forall x_1,x_2\in I$，且$x_1<x_2$，恒有$f(x_1)\geqslant f(x_2)$，则称函数$f(x)$在I上**单调递减**.

3）函数的奇偶性

函数的奇偶性是研究函数的图像关于坐标轴以及坐标原点是否具有对称性. 具体来说，设$f(x)$的定义域D关于原点对称. 若对$\forall x\in D$，恒有$f(-x)=-f(x)$，则称函数$f(x)$在D上为**奇函数**. 此时，函数$f(x)$的图像关于坐标原点对称；若对$\forall x\in D$，恒有$f(-x)=f(x)$，则称函数$f(x)$在D上为**偶函数**. 此时，函数$f(x)$的图像关于y轴对称.

例如，函数$y=\cos x$和$y=x^2$都是实数域上的偶函数，函数$y=\sin x$和$y=x^3$都是实数域上的**奇函数**.

4）函数的周期性

函数的周期性是研究函数的取值是否随自变量增加而有规律地重复的性质. 具体来说，设$f(x)$的定义域为D，若存在常数$T\neq 0$，对$\forall x\in D$，恒有$x+T\in$

D,且 $f(x+T)=f(x)$,则称函数 $f(x)$ 为**周期函数**,称 T 为 $f(x)$ 的一个**周期**. 通常,周期函数的周期是指最小正周期.

例如,函数 $y=\sin x$ 和函数 $y=\cos x$ 都是以 2π 为周期的周期函数;函数 $y=\tan x$和函数$y=\cot x$都是以 π 为周期的周期函数. 周期函数的图形在相邻两个长度为 T 的区间上是完全相同的.

1.2 极限的概念

1.2.1 极限引例

春秋战国时期的哲学家庄子在《庄子·天下》中记载了惠施的一句话,“一尺之捶,日取其半,万世不竭”. 说的是,一尺长的木杖,今天取走一半,明天在剩余的一半中再取走一半,以后每天都在前一天剩下的里面取走一半,随着时间的流逝,木杖会越来越短,长度越来越趋近于零,但又永远不会等于零. 这便是现实中一个非常直观的极限模型,它可以用一个无穷数列表示为

$$1,\frac{1}{2},\frac{1}{4},\cdots,\frac{1}{2^{n-1}}\cdots\to 0.$$

魏晋时期的数学家刘徽在计算圆周率时首创的“割圆术”也是一个不可不提的极限模型“割之弥细,所失弥少,割之又割,以至于不可割,则与圆合体,而无所失矣”便是刘徽对“割圆术”的描述. 意思就是,计算圆内接正 n 边形的面积,如图 1-3 所示,n 值越大,正 n 边形的面积 A_n 就越接近于圆的面积 A,直到 n 无限大,即可得到精确的圆的面积.

$$A_3,A_4,A_5,\cdots,A_n,\cdots\to A.$$

另外,唐朝诗人李白在《送孟浩然之广陵》中写道“故人西辞黄鹤楼,烟花三月下扬州. 孤帆远影碧空尽,唯见长江天际流”细细思量“孤帆远影碧空尽”一句,不难体会一个变量趋向于 0 的动态意境.

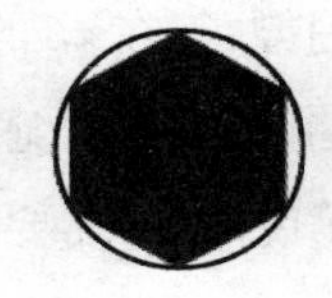

图 1-3

1.2.2　极限的直观定义

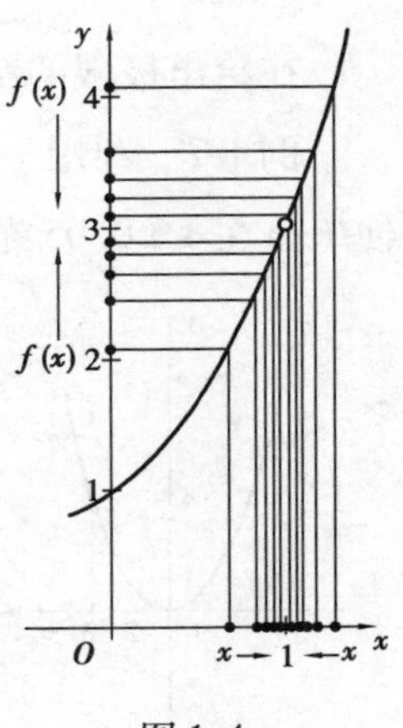

图 1-4

下面，我们通过例 5 直观地来理解极限.

例 1-6　考察函数 $f(x)=\dfrac{x^3-1}{x-1}$ 在 $x=1$ 处的极限.

显然，$f(x)$ 在 $x=1$ 处没有定义. 然而，当 x 趋于 1 时，函数会如何变化？更确切地讲，当 x 趋于 1 时，函数 $f(x)$ 的值会趋向于什么？通过求 1 附近的几个值，可得到表1-4. 人们也可画出函数 $f(x)$ 的草图，如图 1-4 所示. 图 1-4 和表1-4均显示一个相同的结论：当 x 趋于 1 时，$f(x)$ 趋于 3.

表 1-4　$f(x)$ 求值列表

x	1.2	1.1	1.01	1.001	…	1.000	…	0.999	0.99	0.9	0.8
$f(x)=\dfrac{x^3-1}{x-1}$	3.640	3.310	3.030	3.003	…	无定义	…	2.997	2.970	2.710	2.44

一般地，我们给出极限的直观定义.

定义 1-2　设函数 $f(x)$ 在点 x_0 的某去心邻域内有定义，当 x 无限接近于常数 x_0 但不等于 x_0 时，若 $f(x)$ 趋向于常数 A，则称 A 为 $f(x)$ 当 x 趋于 x_0 时的**极限**，记作 $=\lim\limits_{x\to x_0}f(x)=A$.

注：这里对函数 $f(x)$ 在点 x_0 没有任何要求，甚至都不需要 $f(x)$ 在 x_0 有定义. 前面的例子对 $f(x)=\dfrac{x^3-1}{x-1}$ 在 $x=1$ 处的讨论也说明了这个问题. 极限考虑

的是函数 $f(x)$ 在 x_0 附近的变化趋势,与在 x_0 的函数值无关.

定义 1-2 使用了“接近”和“趋向”这两个感性的词. 但是,多近才算接近,怎样才算趋向? 并没有说清楚. 为了说清楚,需要给出极限的精确定义.

1.2.3 极限的精确定义

在给出极限的精确定义之前,先看例 6.

例 1-7 利用 $y=f(x)=x^2$ 的图像[图 1-5(a)]确定 x 有多靠近 2 时,才能使 $f(x)$ 在 4 ± 0.05 范围之内.

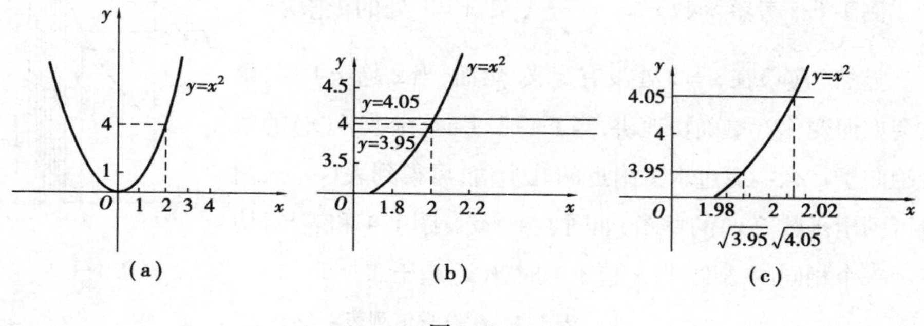

图 1-5

解 $f(x)$ 在 4 ± 0.05 范围之内,即 $3.95<f(x)<4.05$. 如图 1-5(b)所示,先画出直线 $y=3.95$ 和直线 $y=4.05$. 进而分别通过这两条直线与函数图像的交点作 x 轴的垂线 $x=\sqrt{3.95}$ 和 $x=\sqrt{4.05}$,如图 1-5(c)所示,若 $1.98746\approx\sqrt{3.95}<x<\sqrt{4.05}\approx2.01246$,则 $3.95<f(x)<4.05$. 由于右端点 2.012 46 更接近于 2,故当 x 落在与 2 相差 0.012 46 的范围之内时,$f(x)$ 在 4 ± 0.05 范围之内.

进一步地,x 有多靠近 2 时,才能使 $f(x)$ 在 4 ± 0.01 范围之内呢? 读者可类似分析. 当然,此时,需要 x 更靠近 2. 而且,事实上不管要求 $f(x)$ 多么接近 4,我们都可以找到合适的靠近 2 的 x 的范围.

定义 1-3 设函数 $f(x)$ 在点 x_0 的某去心邻域内有定义,如果存在常数 A,若对于 $\forall\varepsilon>0$(无论 ε 多么小),总 $\exists\delta>0$,使得当 $0<|x-x_0|<\delta$ 时,总有

$|f(x)-A|<\varepsilon$,则称 A 为 $f(x)$ 当 x 趋于 x_0 时的极限,记作 $\lim\limits_{x\to x_0}f(x)=A$.

定义 1-3 用 ε 表示任意小的正数,巧妙地将"$f(x)$ 趋向于常数 A"转化为"$f(x)$ 与 A 的距离可以任意小",即"$|f(x)-A|<\varepsilon$";用 δ 表示充分小的正数,是为了刻画 x 接近 x_0 的程度. 当然,δ 依赖于 ε,也就是说给定一个 ε,就会相应地有一个 δ.

注 1　引入"ε-δ"语言叙述极限的定义基本上是由德国数学家魏尔斯特拉斯(Weierstrass,1815—1897)完成的. 实际上,在此之前,18 世纪到 19 世纪的许多数学家,如法国数学家达朗贝尔(d' Alembert,1717—1783)和柯西(Cauchy,1789—1857)在这方面都做了很多工作.

注 2　极限的精确定义可以说是微积分中较难以理解的概念. 要真正完全理解它是需要一定的时间的,毕竟定义 1-3 是经历了漫长的时间由多位伟大的数学家费了很多心血才真正确立的.

注 3　图 1-6 可以帮助充分理解定义 1-3.

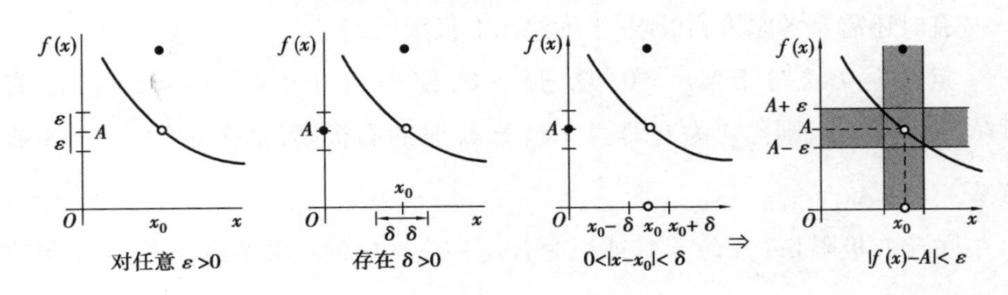

图 1-6

注 4　仿照定义 1-3,可类似定义 $\lim\limits_{x\to\infty}f(x)=A$,即

$\lim\limits_{x\to\infty}f(x)=A\Leftrightarrow\forall\varepsilon>0,\exists X>0$,当 $|x|>X$ 时,有 $|f(x)-A|<\varepsilon$.

有了极限的精确定义就可以用来验证某个数是否是函数的极限了.

例 1-8　证明:$\lim\limits_{x\to 3}(2x+1)=7$.

分析:根据极限定义,对于 $\forall\varepsilon>0$,需要找出 $\delta>0$,使得当 $0<|x-3|<8$ 时,有 $|(2x+1)-7|<\varepsilon$. 而

$$|(2x+1)-7|\varepsilon\Leftrightarrow|2x-6|<\varepsilon\Leftrightarrow|x-3|<\frac{\varepsilon}{2}.$$

因此,我们找到了 δ,即 $\delta=\frac{\varepsilon}{2}$.

证　对于 $\forall\varepsilon,>0$,取 $\delta=\frac{\varepsilon}{2}$,则当 $0<|x-3|<\delta$ 时,有

$$|(2x+1)-7|=|2x-6|=2|x-3|<2\delta\varepsilon,$$

因此,$\lim\limits_{x\to 3}(2x+1)=7$.

例 1-9　证明:

$$\lim_{x\to 1}\frac{x^2-1}{x-1}=2$$

证　函数$\frac{x^2-1}{x-1}$在点 $x=1$ 处没有定义,但当 $x\to 1$ 时的极限存在与否与其无关,事实上,$\forall\varepsilon>0$,要使 $\left|\frac{x^2-1}{x-1}-2\right|=|x+1-2|=|x-1|<\varepsilon$,取 $\delta=\varepsilon$,那么当 $0<|x-1|<\delta$ 时,有 $\left|\frac{x^2-1}{x-1}-2\right|<\varepsilon$,所以$\lim\limits_{x\to 1}\frac{x^2-1}{x-1}=2$.

有时还需要考虑单侧极限. 下面给出右极限的定义.

定义 1-4　对于 $\forall\varepsilon>0$,总 $\exists\delta>0$,使得当 $0<x-x_0<\delta$ 时,总有 $|f(x)-A|<\varepsilon$,则称 A 为 $f(x)$ 当 x 趋于 x_0 时的**右极限**,记作 $\lim\limits_{x\to x_0^+}f(x)=A$ 或 $f(x_0+0)=A$.

关于左极限 $\lim\limits_{x\to x_0^-}f(x)=A$(或记为 $f(x_0-0)=A$)的定义留给读者. 至于单侧极限和极限的关系,有如下定理.

定理 1-1　$\lim\limits_{x\to x_0}f(x)=A$ 成立的充要条件是左极限$\lim\limits_{x\to x_0}f(x)$和右极限 $\lim\limits_{x\to x_0^+}f(x)$ 均存在且都等于 A.

图 1-7 能帮助我们更直观地理解其内涵. 即使函数的左、右极限都存在,也不能保证函数的极限就一定存在.

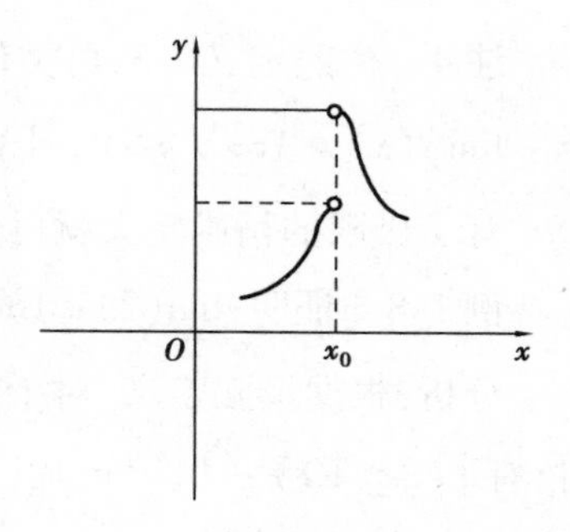

图 1-7

例 1-10　已知函数$f(x)=\begin{cases} x-1, & x<0, \\ 0, & x=0, \\ x+1, & x>0, \end{cases}$

当 $x\to 0$ 时,证明函数 $f(x)$ 的极限不存在.

证　当 $x\to 0$ 时,函数 $f(x)$ 的左极限 $\lim\limits_{x\to 0^-} f(x)=\lim\limits_{x\to 0^-} f(x-1)=-1$,而右极限 $\lim\limits_{x\to 0^+} f(x)=\lim\limits_{x\to 0^+}(x+1)=1$;

因左极限和右极限存在但不相等,所以 $\lim\limits_{x\to 0^-} f(x)$ 不存在.

在定义 1-3 注 4 中,我们已给出 $\lim\limits_{x\to\infty} f(x)=A$ 的定义. 下面进一步给出 $\lim\limits_{x\to+\infty} f(x)=A$, $\lim\limits_{x\to-\infty} f(x)=A$ 以及 $\lim\limits_{x\to\infty} a_n=A$ 的定义.

定义 1-5　对于 $\forall\varepsilon>0$,总 $\exists X>0$,使得当 $x<-X$ 时,总有 $|f(x)-A|<\varepsilon$,则称 A 为 $f(x)$ 当 x 趋于正无穷大时的极限,记作 $\lim\limits_{x\to+\infty} f(x)=A$.

定义 1-6　对于 $\forall\varepsilon>0$,总 $\exists X>0$,使得当 $x>-X$ 时,总有 $|f(x)-A|<\varepsilon$,则称 A 为 $f(x)$ 当 x 趋于负无穷大时的极限,记作 $\lim\limits_{x\to-\infty} f(x)=A$.

显然 $\lim\limits_{x\to\infty} f(x)=A$ 的充要条件是 $\lim\limits_{x\to-\infty} f(x)=\lim\limits_{x\to+\infty} f(x)=A$.

例 1-11　证明:$\lim\limits_{x\to\infty}\dfrac{1}{x}=0$.

证　对于 $\forall\varepsilon>0$,欲使 $\left|\dfrac{1}{x}-0\right|=\dfrac{1}{|x|}<\varepsilon$,取 $X=\dfrac{1}{\varepsilon}$,则当 $|x|>X$ 时,有 $\left|\dfrac{1}{x}-0\right|<\varepsilon$,所以 $\lim\limits_{x\to\infty}\dfrac{1}{x}=0$.

定义 1-7　对于 $\forall\varepsilon>0$, 总 $\exists N>0$,使得当 $n>N$ 时,总有 $|a_n-a|<\varepsilon$,则称 a 为数列 $\{a_n\}$ 当 n 趋于无穷大时的极限,记作 $\lim\limits_{n\to+\infty} a_n=a$.

若 $\lim\limits_{n\to\infty} a_n=a$,则称数列 $\{a_n\}$ 收敛于 a;若 $\lim\limits_{n\to+\infty} a_n$ 不存在,则称数列 $\{a_n\}$ 发散.

1.3　极限的性质与运算

1.3.1　极限的性质

下面仅以$\lim\limits_{x\to x_0}f(x)$为例，对极限的性质加以讨论，并简要地给出定理证明过程. 简要介绍其他形式的极限（如$\lim\limits_{x\to\infty}f(x)$，$\lim\limits_{x\to\infty}a_n$）的性质.

定理 1-2　（唯一性）若$\lim\limits_{x\to x_0}f(x)$存在，则必唯一.

证　（反证法）设$\lim\limits_{x\to x_0}f(x)=A$，$\lim\limits_{x\to x_0}f(x)=B$，且$A\neq B$（不妨设$A<B$）.
对于$\varepsilon=\dfrac{B-A}{2}>0$，由于$\lim\limits_{x\to x_0}f(x)=A$，则$\exists\delta_1>0$，使得当$0<|x-x_0|<\delta_1$时，有

$$|f(x)-A|<\varepsilon=\frac{B-A}{2}\Leftrightarrow\frac{3A-B}{2}<f(x)<\frac{A+B}{2}.$$

同理，由于$\lim\limits_{x\to x_0}f(x)=B$，则$\exists\delta_2>0$，使得当$0<|x-x_0|<\delta_2$时，有

$$|f(x)-B|<\varepsilon=\frac{B-A}{2}\Leftrightarrow\frac{A+B}{2}<f(x)<\frac{3B-A}{2}.$$

因此，当$0<|x-x_0|<\min\{\delta_1,\delta_2\}$时，有

$$\frac{3A-B}{2}<f(x)<\frac{A+B}{2},\frac{A+B}{2}<f(x)<\frac{3B-A}{2}$$

同时成立，这显然是不可能的. 故得证.

定理 1-3（局部有界性）　若$\lim\limits_{x\to x_0}f(x)=A$，则存在$M>0$以及$\delta>0$，使得当$0<|x-x_0|<\delta$时，有

$$|f(x)|\leqslant M.$$

证　由于$\lim\limits_{x\to x_0}f(x)=A$，根据极限的定义，对于$\varepsilon=1$，$\exists\delta>0$，使得当$0<|x-x_0|<\delta$时，有$|f(x)-A|<\varepsilon=1$，$\exists A-1<f(x)<A+1$. 取$M=\max\{|A-1|$，

$|A+1|\}$,则当 $0<|x-x_0|<\delta$ 时,有 $|f(x)|\leqslant M$.

定理 1-4(局部保号性)　若 $\lim\limits_{x\to x_0}f(x)=A$,且 $A>0$(或 $A<0$),则存在 $\delta>0$,使得当 $0<|x-x_0|<\delta$ 时,有 $f(x)>0$(或 $f(x)<0$).

证　我们证明 $A>0$ 的情形,$A<0$ 的情形可类似证明.

由于 $\lim\limits_{x\to x_0}f(x)=A$,根据极限的定义,对于 $\varepsilon=\frac{A}{2}$,则 $\exists\delta>0$,使得当 $0<|x-x_0|<\delta$ 时,有 $|f(x)-A|<\varepsilon=A_2\Leftrightarrow 0<A_2<f(x)<\frac{3A}{2}$. 得证.

利用定理 1-4 可以证明,$\exists\delta>0$,当 $0<|x-x_0|<\delta$ 时,若 $f(x)\geqslant 0$(或 $\leqslant 0$),且 $\lim\limits_{x\to x_0}f(x)=A$,则 $A\geqslant 0$(或 $\leqslant 0$).

1.3.2　极限的运算

下面介绍极限的四则运算法则、复合函数的极限运算定理和极限存在的两个准则.

定理 1-5(极限的四则运算)　若 $\lim f(x)=A$,$\lim g(x)=B$,则

(1) $\lim[f(x)\pm g(x)]$ 存在,且 $\lim[f(x)\pm g(x)]=\lim f(x)\pm\lim g(x)=A\pm B$;

(2) $\lim f(x)\cdot g(x)$ 存在,且 $\lim f(x)g(x)=\lim f(x)\cdot\lim g(x)=AB$;

(3) 若 $B\neq 0$,则 $\lim\frac{f(x)}{g(x)}$ 存在,且 $\lim\frac{f(x)}{g(x)}=\frac{\lim f(x)}{\lim g(x)}=\frac{A}{B}$.

其中,记号“lim”下面没有标明自变量的变化过程,表示此定理对自变量变化过程的各种形式均适用. 对于每种情况,“lim”表示自变量的同一变化过程. 下面仅以 $x\to x_0$ 为例证明,其他情形可类似证明.

证　(1) 只证 $\lim[f(x)+g(x)]=A+B$,过程为 $x\to x_0$.

由于 $\lim\limits_{x\to x_0}f(x)=A$,所以,对 $\forall\varepsilon>0$, $\exists\delta_1>0$,当 $0<|x-x_0|<\delta_1$ 时,有 $|f(x)-A|<\varepsilon/2$. 对此 ε,又因为 $\lim\limits_{x\to x_0}g(x)=B$,所以 $\exists\delta_2>0$,当 $0<|x-x_0|<\delta_2$ 时,有 $|g(x)-B|<\frac{\varepsilon}{2}$,取 $\delta=\min\{\delta_1,\delta_2\}$,则当 $0<|x-x_0|<\delta$ 时,有

$|(f(x)+g(x))-(A+B)|=|(f(x)-A)+(g(x)-B)|\leqslant|f(x)-A|+$ $|g(x)-B|<\frac{\varepsilon}{2}+\frac{\varepsilon}{2}=\varepsilon$,所以$\lim\limits_{x\to x_0}(f(x)+g(x))=A+B$.

(2)对$\forall\varepsilon>0$,$\exists\delta_1>0$,当$0<|x-x_0|<\delta_1$时,有$|f(x)-A|<\varepsilon$,对此ε,$\exists\varepsilon>0$,当$0<|x-x_0|<\delta_2$时,有$|g(x)-B|<\varepsilon$,取$\delta=\min\{\delta_1,\delta_2\}$,则当$0<|x-x_0|<\delta$时,有

$|f(x)g(x)-AB|=|(f(x)-A)(g(x)+B)+A(g(x)-B)-B(f(x)-A)|\leqslant|f(x)-A|(|g(x)|+|B|)+|A||g(x)-B|+|B||f(x)-A|)<\varepsilon(|g(x)|+|A|+2|B|)$.

另外,$|g(x)-B|<\varepsilon\Rightarrow|g(x)|<\max\{|B+\varepsilon|,|B-\varepsilon|\}$,记$M=\max\{|B|+\varepsilon|,|B-\varepsilon|\}$,则

$$|f(x)g(x)-AB|<\varepsilon(M+|A|+2|B|),$$

所以$\lim\limits_{x\to x_0}f(x)g(x)=AB$.

定理1-5中(3)的证明留给读者.

注1 定理1-5中(1)可推广到有限个函数的情形.

注2 定理1-5中(2)有如下推论.

推论1-1 $\lim[cf(x)]=c\lim f(x)$(c为常数).

推论1-2 $\lim[f(x)]^n=[\lim f(x)]^n$($n$为正整数).

例1-12 求极限$\lim\limits_{x\to1}(x^2-5x+10)$.

解 $\lim\limits_{x\to1}(x^2-5x+10)=\lim\limits_{x\to1}x^2-5\lim\limits_{x\to1}x+10=1^2-5\times1+10=6$.

在例8的求解中,极限$\lim\limits_{x\to1}x^2$和$\lim\limits_{x\to1}x$都是直接代入,这是求极限的基本方法.至于为什么可以直接代入,将会在1.5节说明.

例1-13 求极限$\lim\limits_{x\to1}\frac{x^2+x-1}{2x^2+x-3}$.

解 当$x\to1$时,分子、分母均趋于0,所以不能直接利用定理1-5.但是,注意到分子分母有公因子$(x-1)$,所以

$$\lim_{x\to1}\frac{x^2+x-2}{2x^2+x+3}=\lim_{x\to1}\frac{(x+2)(x-1)}{(2x+3)(x-1)}=\lim_{x\to1}\frac{x+2}{2x+3}=\frac{3}{5}.$$

例 1-14　求极限$\lim\limits_{n\to\infty}\left(\dfrac{1}{n^2}+\dfrac{2}{n^2}+\cdots+\dfrac{n}{n^2}\right)$.

解　当 $n\to\infty$ 时,这是无穷多项相加,故不能用定理 1-5,需要先变形.

$$\text{原式}=\lim_{n\to\infty}\frac{1}{n^2}(1+2+\cdots+n)=\lim_{n\to\infty}\frac{1}{n^2}\cdot\frac{n(n+1)}{2}=\lim_{n\to\infty}\frac{n+1}{2n}=\frac{1}{2}.$$

例 1-15　求极限$\lim\limits_{x\to\infty}\dfrac{3x^3+2x-1}{7x^2+5x-3}$.

解　当 $x\to\infty$ 时,分子分母极限均不存在,故不能用定理 1-5,需要先变形.

$$\text{原式}=\lim_{x\to\infty}\frac{\dfrac{3x^2+2x-1}{x^2}}{\dfrac{7x^2+5x-3}{x^2}}=\lim_{x\to\infty}\frac{3+\dfrac{2}{x}-\dfrac{1}{x^2}}{7+\dfrac{5}{x}-\dfrac{3}{x^2}}=\frac{3}{7}.$$

定理 1-6(复合函数的极限运算)　设函数 $y=f(g(x))$ 是由函数 $y=f(u)$ 和函数 $u=g(x)$ 复合而成. 且 $y=f(g(x))$ 在 x_0 的某去心邻域内有定义. 若 $\lim\limits_{x\to x_0}g(x)=u_0$,若$\lim\limits_{u\to u_0}f(u)=A$,且存在 $\delta_0>0$,使得当 $x\in\mathring{U}(x_0,\delta_0)$ 时,有 $g(x)\neq u_0$,则$\lim\limits_{x\to x_0}f(g(x))=\lim\limits_{u\to u_0}f(u)=A$.

证　由$\lim\limits_{u\to u_0}f(u)=A$ 可得,对 $\forall\varepsilon>0$, $\exists\delta_1>0$,当 $0<|u-u_0|<\delta_1$ 时,有 $|f(u)-A|<\varepsilon$.

又由$\lim\limits_{x\to x}g(x)=u_0$ 可得,对上述 $\delta_1>0$, $\exists\delta_2>0$,当 $0<|x-x_0|<\delta_2$ 时,有 $|g(x)-u_0|<\delta_1$.

又当 $x\in\mathring{U}(x_0,\delta_0)$ 时,有 $g(x)\neq u_0$. 取 $\delta=\min\{\delta_2,\delta_0\}$,则当 $0<|x-x_0|<\delta$ 时,有 $|g(x)-u_0|<\delta_1$ 且 $|g(x)-u_0|\neq 0$,即 $0<|g(x)-u_0|<\delta_1$,因此有

$$|f[g(x)]-A|=|f(u)-A|<\varepsilon.$$

注　定理 1-6 中,若将$\lim\limits_{x\to x_0}g(x)=u_0$ 换作$\lim\limits_{x\to x_0}g(x)=\infty$ 或$\lim\limits_{x\to\infty}g(x)=\infty$,将$\lim\limits_{u\to u_0}f(u)=A$ 换成$\lim\limits_{u\to u_0}f(u)=\infty$,可得类似结论.

例 1-16　求极限$\lim\limits_{x\to 3}\dfrac{\sqrt{1+x}-2}{x-3}$.

解 当$x\to 3$时,分子分母极限均趋向于0,故不能用定理1-5,需要先变形.

$$原式=\lim_{x\to 3}\frac{(\sqrt{1+x}-2)(\sqrt{1+x}+2)}{(x-3)(\sqrt{1+x}+2)}=\lim_{x\to 3}\frac{1+x-4}{(x-3)(\sqrt{1+x}+2)}$$

$$=\lim_{x\to 3}\frac{1}{\sqrt{1+x}+2}=\frac{1}{4}.$$

例1-17 设$\lim\limits_{n\to\infty}a_n=a,\lim\limits_{n\to\infty}(a_n-b_n)=0$,求$\lim\limits_{n\to\infty}b_n$.

解 因为$b_n=a_n-(a_n-b_n)$,所以由定理1-5(1)有

$$\lim_{n\to\infty}b_n=\lim_{n\to\infty}a_n-\lim_{n\to\infty}(a_n-b_n)=a-0=a.$$

定理1-7(夹逼准则) 若函数$f(x),g(x),h(x)$满足:

(1)当$x\in\mathring{U}(x_0,\delta)$时,有$g(x)\leqslant f(x)\leqslant h(x)$;

(2)$\lim\limits_{x\to x_0}g(x)=A,\lim\limits_{x\to x_0}h(x)=A$,

则极限$\lim\limits_{x\to x_0}f(x)$存在,且等于$A$.

对自变量变化过程的其他形式也有类似于定理1-6的结论,在这里就不一一叙述了.

证 因为$\lim\limits_{x\to x_0}g(x)=A$,所以对$\forall\varepsilon>0$,$\exists\delta_1>0$,当$0<|x-x_0|<\delta_1$时,有$|g(x)-A|<\varepsilon$.又$\lim\limits_{x\to x_0}h(x)=A$,所以对上述$\varepsilon$,$\exists\delta_2>0$,当$0<|x-x_0|<\delta_2$时,有$|h(x)-A|<\varepsilon$.

$|g(x)-A|<\varepsilon\Leftrightarrow A-\varepsilon<g(x)<A+\varepsilon$,$|h(x)-A|<\varepsilon\Leftrightarrow A-\varepsilon<h(x)<A+\varepsilon$,又当$x\in\mathring{U}(x_0,\delta)$时,有$g(x)\leqslant f(x)\leqslant h(x)$,所以,若取$\delta_0=\min\{\delta,\delta_1,\delta_2\}$,则当$x\in\mathring{U}(x_0,\delta_0)$时,有

$$A-\varepsilon<g(x)\leqslant f(x)<h(x)<A+\varepsilon,$$

即$|f(x)-A|<\varepsilon$.所以,$\lim\limits_{x\to x_0}f(x)=A$.证毕.

因为当$0<|x|<\frac{\pi}{2}$时,有$\cos x<\frac{\sin x}{x}<1$.所以由定理1-7可得如下重要结论:

$$\lim_{x\to x_0}\frac{\sin x}{x}=1.$$

例 1-18　求下列极限.

(1) $\lim\limits_{x\to 0}\dfrac{\sin 5x}{x}$;　　(2) $\lim\limits_{x\to 0}\dfrac{\tan x}{x}$;

(3) $\lim\limits_{x\to 0}\dfrac{1-\cos x}{x^2}$;　　(4) $\lim\limits_{x\to 0}\dfrac{\arcsin x}{x}$.

解　(1) $\lim\limits_{x\to 0}\dfrac{\sin 5x}{x}=\lim\limits_{x\to 0}\dfrac{\dfrac{\sin 5x}{5x}\cdot 5x}{x}=\lim\limits_{x\to 0}\dfrac{\sin 5x}{x}\cdot 5=5$;

(2) $\lim\limits_{x\to 0}\dfrac{\tan x}{x}=\lim\limits_{x\to 0}\dfrac{\dfrac{\sin x}{\cos x}}{x}=\lim\limits_{x\to 0}\dfrac{\sin x}{x}\cdot\lim\limits_{x\to x_0}\dfrac{1}{\cos x}=1$;

(3) $\lim\limits_{x\to 0}\dfrac{1-\cos x}{x^2}=\lim\limits_{x\to 0}\dfrac{2\sin^2\left(\dfrac{x}{2}\right)}{x^2}=\dfrac{1}{2}\cdot\lim\limits_{x\to 0}\left(\dfrac{\sin\dfrac{x}{2}}{\dfrac{x}{2}}\right)^2=\dfrac{1}{2}$;

(4) $\lim\limits_{x\to 0}\dfrac{\arcsin x}{x}=\lim\limits_{t\to 0}\dfrac{t}{\sin t}=\dfrac{1}{\lim\limits_{t\to 0}\dfrac{\sin t}{t}}=1.$

1.4　无穷小量

1.4.1　无穷小量与无穷大量

定义 1-8　如果函数 $f(x)$ 当 $x\to x_0$（或 $x\to\infty$）时的极限为 0,那么函数 $f(x)$ 称为 $x\to x_0$（或 $x\to\infty$）时的无穷小量,简称无穷小.

例如,$\lim\limits_{x\to 2}(2x-4)=2\times 2-4=0$,则可称 $2x-4$ 为当 $x\to 2$ 时的无穷小量;类

似地,可给出$f(x)$是$x\to\infty$时的无穷小量的定义.例如,$\lim\limits_{x\to\infty}\frac{1}{x}=0$,所以可称$\frac{1}{x}$为当$x\to\infty$时的无穷小量.

注1 无穷小量不是一个数,不要将其与非常小的数混淆.

注2 0是唯一可作为无穷小量的常数.

定义1-9 若对$\forall M>0$,$\exists\delta>0$,使得当$0<|x-x_0|<\delta$时,有$|f(x)|>M$,则称$f(x)$为当$x\to x_0$时的**无穷大量**,记作$\lim\limits_{x\to x_0}f(x)=\infty$.

注1 对自变量变化过程的其他形式也有类似定义,在此就不一一详述了.

注2 无穷大量也不是一个数,不要将其与非常大的数混淆.

注3 无穷大量一定无界,但是无界量却未必一定是无穷大量,如函数$f(x)=x\sin x$,其图像如图1-8所示,可看出$f(x)$在$(-\infty,+\infty)$内无界,但$f(x)$却不是$x\to\infty$时的无穷大量.

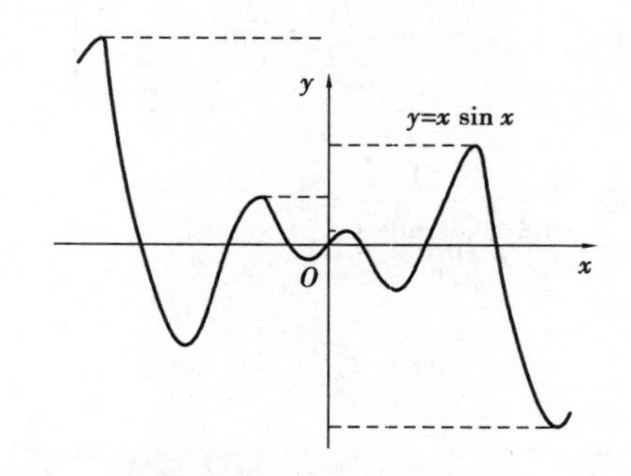

图1-8

无穷小量与无穷大量之间的关系可由下面的定理说明.

定理1-8 在自变量的同一变化趋势下,

(1)若$f(x)$为无穷大量,则$\frac{1}{f(x)}$为无穷小量;

(2)若$f(x)$为无穷小量,且$f(x)\neq0$,则$\frac{1}{f(x)}$为无穷大量.

有了这个定理,很多关于无穷大量的运算便可转化为无穷小量讨论.

1.4.2　无穷小量的运算性质

设在 x 的一定变化趋势下，$\lim\alpha(x)=0,\lim\beta(x)=0$.

定理 1-9　两个无穷小量的和或差仍为无穷小量，即若 $\lim\alpha=0,\lim\beta=0$，则 $\lim(\alpha\pm\beta)=0$.

注 1　此定理的证明可由 1.4 中定理 1-5 的(1)推出.

注 2　此定理可推广到有限个的情形，但对于无限多个的情形就不同了. 例如，尽管 $\lim\limits_{n\to\infty}\dfrac{1}{n}=0$，但是，

$$\lim_{n\to\infty}\underbrace{\left(\frac{1}{n}+\frac{1}{n}+\cdots+\frac{1}{n}\right)}_{n个}=\lim_{n\to\infty}n\cdot\frac{1}{n}=1\neq0.$$

定理 1-10　有界函数与无穷小量的乘积仍为无穷小量，即设函数 $f(x)$ 有界，$\lim\alpha=0$，则 $\lim\alpha f(x)=0$.

证　仅证 $x\to x_0$ 时的情况，其余情形类似证明. 设函数 $f(x)$ 在 x_0 的某邻域 $U(x_0,\delta_1)$ 内有界，则 $\forall M>0$，当 $x\in\mathring{U}(x_0,\delta_1)$ 时，有 $|f(x)|\leqslant M$，又 α 为当 $x\to x_0$ 时的无穷小量，即 $\lim\limits_{x\to x_0}\alpha=0$，故对 $\forall\varepsilon>0$，$\exists\delta>0(\delta<\delta_1)$，当 $x\in\mathring{U}(x_0,\delta)$ 时，有

$$|\alpha|<\frac{\varepsilon}{M}\Rightarrow|\alpha f(x)|=|f(x)||\alpha|<M\cdot\frac{\varepsilon}{M}=\varepsilon$$

所以 $\lim\limits_{x\to x_0}\alpha f(x)=0$.

由定理 1-10 可得如下结论.

推论 1-3　常数与无穷小量的乘积仍为无穷小量，即若走为常数，$\lim\alpha=0$，则 $\lim k\alpha=0$.

推论 1-4　有限个无穷小量的乘积仍为无穷小量，即

$$\lim\alpha_1=\lim\alpha_2=\cdots=\lim\alpha_n=0\Rightarrow\lim(\alpha_1\alpha_2\alpha_3\cdots\alpha_n)=0.$$

例 1-19　求极限 $\lim\limits_{x\to\infty}\dfrac{\sin x}{x}$.

解 因为当 $x\to\infty$ 时,函数 $\sin x$ 有界,而 $\lim\limits_{x\to\infty}\frac{1}{x}=0$. 所以,由定理 1-10 可得

$$\lim_{x\to\infty}\frac{\sin x}{x}=1,\lim_{x\to\infty}\left(\sin x\cdot\frac{1}{x}\right)=0.$$

根据前面的定理和推论,两个无穷小量的和、差、积都依然是无穷小量. 而对于两个无穷小量的商却没那么简单. 例如,当 $x\to 0$ 时,函数 $x,\sin x,x^2$ 均为无穷小量,但是

$$\lim_{x\to 0}\frac{\sin x}{x}=1,\lim_{x\to 0}\frac{x^2}{x}=0,\lim_{x\to 0}\frac{x}{x^2}=\infty.$$

因此,有必要对无穷小量进行比较.

1.4.3 无穷小量的比较

定义 1-10 设 $\alpha(x)$ 与 $\beta(x)$ 为 x 在同一变化过程中的两个无穷小量, $\alpha(x)\neq 0$.

(1)若 $\lim\frac{\beta}{\alpha}=0$,则称 β 是 α 的**高阶无穷小**,记作 $\beta=O(\alpha)$;

(2)若 $\lim\frac{\beta}{\alpha}=\infty$,则称 β 是 α 的**低阶无穷小**;

(3)若 $\lim\frac{\beta}{\alpha}=C\neq 0$,则称 β 是 α 的**同阶无穷小**;

特别地,若 $\lim\frac{\beta}{\alpha}=1$,则称 β 与 α 是等价无穷小,记作 $\beta\sim\alpha$.

例如,当 $x\to 0$ 时,x^2 是 x 的高阶无穷小;反之 x 是 x^2 的低阶无穷小;x^2 与 $1-\cos x$ 是同阶无穷小;x 与 $\sin x$ 是等价无穷小,即 $x\sim\sin x$.

例 1-20 证明:当 $x\to 0$ 时,$a^x-1\sim x\ln a$.

证 令 $t=a^x-1$,则 $x=\log_a^{(1+t)}$,当 $x\to 0$ 时,有 $t\to 0$,所以

$$\lim_{x\to 0}\frac{x\ln a}{a^x-1}=\lim_{t\to 0}\frac{\log_a^{(1+t)}\cdot\ln a}{t}=\lim_{t\to 0}\frac{\frac{1}{(1+t)\ln a}\cdot\ln a}{\frac{1}{t}}=\lim_{t\to 0}\frac{1}{1+t}=1,$$

即当 $x\to 0$ 时，$a^x-1\sim x\ln a$.

值得注意的是，并不是任意两个无穷小量都可进行比较，例如：当 $x\to 0$ 时，$x\sin\frac{1}{x}$ 与 x^2 既非同阶，又无高低阶可比较，因为 $\lim\limits_{x\to 0}\frac{x\sin\frac{1}{x}}{x^2}$ 不存在且不为 ∞.

定理 1-11　在自变量的同一变化过程中，函数 $f(x)$ 具有极限 A 的充要条件是 $f(x)=A+\alpha$，其中 α 是无穷小量.

证　仅对 $x\to x_0$ 情形进行证明，其他情形类似可证.

先证必要性. 设 $\lim\limits_{x\to x_0}f(x)=A$，则 $\lim\limits_{x\to x_0}[f(x)-A]=0$. 由无穷小量的定义，$f(x)-A$ 是 $x\to x_0$ 时的无穷小量. 令 $\alpha=f(x)-A$，则 $f(x)=A+\alpha$，其中 α 是 $x\to x_0$ 时的无穷小量.

再证充分性. 若 $f(x)=A+\alpha$，且 α 是无穷小量，即 $\lim\limits_{x\to x_0}\alpha=0$，则 $\lim\limits_{x\to x_0}f(x)=\lim\limits_{x\to x_0}(A+\alpha)=A$.

定理 1-12　给出了有极限的函数与它的极限值和无穷小量之间的关系，在今后的学习中会经常用到.

关于等价无穷小，有如下定理.

定理 1-13　若 $\alpha,\beta,\alpha',\beta'$ 均为 x 的同一变化过程中的无穷小量，且 $\alpha\sim\alpha'$，$\beta\sim\beta'$，$\lim\frac{\beta'}{\alpha'}$ 存在或为 ∞，则

$$\lim\frac{\beta}{\alpha}=\lim\frac{\beta'}{\alpha'}.$$

证　(1)若 $\lim\frac{\beta'}{\alpha'}=A$，则

$$\lim\frac{\beta}{\alpha}=\lim\left(\frac{\beta}{\beta'}\cdot\frac{\beta'}{\alpha'}\cdot\frac{\alpha'}{\alpha}\right)=\lim\frac{\beta}{\beta'}\cdot\lim\frac{\beta'}{\alpha'}\cdot\lim\frac{\alpha'}{\alpha}=1\cdot\lim\frac{\beta'}{\alpha'}\cdot 1=A.$$

(2)若 $\lim\frac{\beta'}{\alpha'}=\infty$，则 $\lim\frac{\alpha'}{\beta'}=0$，因此

$$\lim\frac{\alpha}{\beta}=\lim\left(\frac{\alpha}{\alpha'}\cdot\frac{\alpha'}{\beta'}\cdot\frac{\beta'}{\beta}\right)=\lim\frac{\alpha}{\alpha'}\cdot\lim\frac{\alpha'}{\beta'}\cdot\lim\frac{\beta'}{\beta}=1\cdot\lim\frac{\alpha'}{\beta'}\cdot 1=0,$$

所以 $\lim \dfrac{\beta}{\alpha} = \lim \dfrac{\beta'}{\alpha'} = \infty$.

例 1-21 求极限$\lim\limits_{x \to 0} \dfrac{2x^2}{\sin^2 x}$.

解 当 $x \to 0$ 时，$\sin x \sim x$，所以，$\lim\limits_{x \to 0} \dfrac{2x^2}{\sin^2 x} = \lim\limits_{x \to 0} \dfrac{2x^2}{x^2} = 2$.

定义 1-11 设 $\alpha(x)$ 与 $\beta(x)$ 为 x 在同一变化过程中的两个无穷小量，$\alpha(x) \neq 0$，若 $\lim \dfrac{\beta}{\alpha^k} = c \neq 0$，$c$ 为常数，$k > 0$，则称 β 是关于 α 的 k **阶无穷小**.

例 1-22 当 $x \to 0$ 时，$f(x) = \sqrt{x - 2\sqrt{x}}$ 是关于 x 的几阶无穷小量？

解 $\lim\limits_{x \to 0} \dfrac{\sqrt{x + 2\sqrt{x}}}{x^k} = \lim\limits_{x \to 0} \dfrac{x^{\frac{1}{4}}\sqrt{\sqrt{x} + 2}}{x^k} = \lim\limits_{x \to 0} x^{\frac{1}{4}}\sqrt{\sqrt{x} + 2}$，取走 $k = \dfrac{1}{4}$可使得上式极限为$\sqrt{2}$，所以 $f(x)$ 是关于 x 的$\dfrac{1}{4}$无穷小量.

1.5 函数的连续性

1.5.1 连续函数的概念

连续是很多自然现象的本质属性，比如每天的温度变化是连续的，降落伞在空中的位置变化是连续的，嫦娥三号在太空中的运行轨迹是连续的，我们希望精确描述该运行轨迹连续所具有的属性，先来观察图 1-9，其中，只有图 1-9(d) 中函数 $f(x)$ 在点 x_0 连续，其余各图中函数 $f(x)$ 在点 x_0 都不连续，因此，有下面的定义.

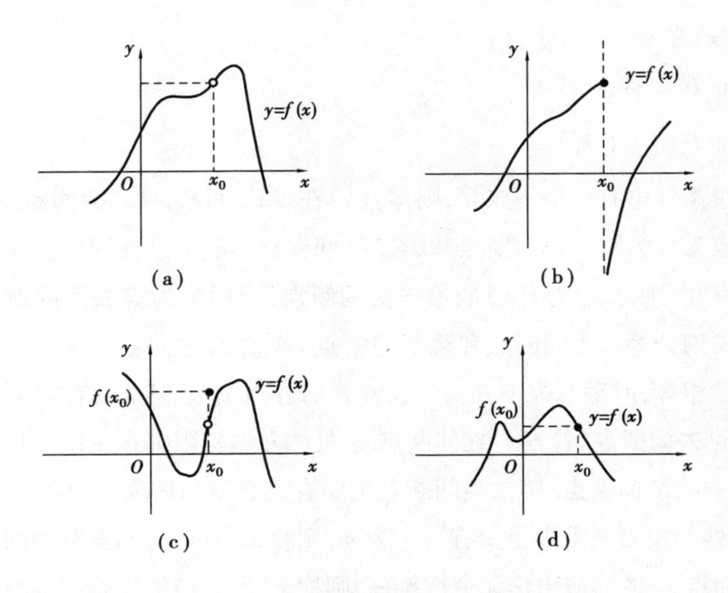

图 1-9

定义 1-12　若函数 $f(x)$ 在包含 x_0 的某个邻域 $U(x_0,\delta)$ 内有定义，且 $\lim\limits_{x\to x_0} f(x)=f(x_0)$，则称 $f(x)$ 在点 x_0 **连续**.

定义 1-13　若函数 $f(x)$ 在包含 x_0 的某个邻域 $U(x_0,\delta)$ 内有定义，且 $\lim\limits_{\Delta x\to 0}\Delta y=0$，其中 Δy 表示对应于自变量从 x_0 变到 $x_0+\Delta x$ 时函数的增量，即 $\Delta y=f(x_0+\Delta x)-f(x_0)$，则称 $f(x)$ 在点 x_0 连续.

定义 1-14　若函数 $f(x)$ 在包含 x_0 的某个右（左）邻域内有定义，且 $\lim\limits_{x\to x_0^+} f(x)=f(x_0)\left(\lim\limits_{x\to x_0^-} f(x)=f(x_0)\right)$，则称 $f(x)$ 在点 x_0 **右（左）连续**.

若 $f(x)$ 在开区间 (a,b) 内每一点都连续，则称 $f(x)$ 在开区间 (a,b) 连续. 一般地，将开区间 (a,b) 上全体连续函数构成的集合记为 $C(a,b)$，若 $f(x)\in C(a,b)$，且 $f(x)$ 在区间 (a,b) 右端点左连续，左端点右连续，则称 $f(x)$ 在闭区间 $[a,b]$ 上连续. 同样地，将闭区间 $[a,b]$ 上全体连续. 函数构成的集合记为 $C[a,b]$.

1.5.2　间断点及其分类

要使 $f(x)$ 连续，根据定义 1-12，必须满足以下 3 个条件：

(1) $f(x)$ 在 $x=x_0$ 有定义;

(2) $\lim\limits_{x\to x_0} f(x)$ 存在;

(3) $\lim\limits_{x\to x_0} f(x)=f(x_0)$.

若3个条件中有一个不成立,则称 $f(x)$ 在点 x_0 **间断**,称均为**间断点**.

间断点又分为第一类间断点和第二类间断点,若 $f(x)$ 在间断点 x_0 处的左右极限都存在,则称 x_0 为 $f(x)$ 的**第一类间断点**,否则称为**第二类间断点**. 第一类间断点又细分为可去间断点和跳跃间断点,若 $f(x)$ 在间断点 x_0 处的左右极限都存在且相等,但是不等于 $f(x_0)$,或者 $f(x)$ 在点 x_0 处根本没有定义,则称 x_0 为 $f(x)$ 的**可去间断点**. 若 $f(x)$ 在间断点 x_0 处的左右极限都存在但不相等,则称 x_0 为 $f(x)$ 的**跳跃间断点**. 第二类间断点主要有无穷型和振荡型两种,若 $f(x)$ 在间断点 x_0 处的左右极限中至少有一个为 ∞,则称 x_0 为 $f(x)$ 的**无穷型间断点**;若 $f(x)$ 在间断点 x_0 的邻域内作无穷次振荡,则称 x_0 为 $f(x)$ 的**振荡型间断点**.

例 1-23　描述如图 1-10 所示的函数的连续性.

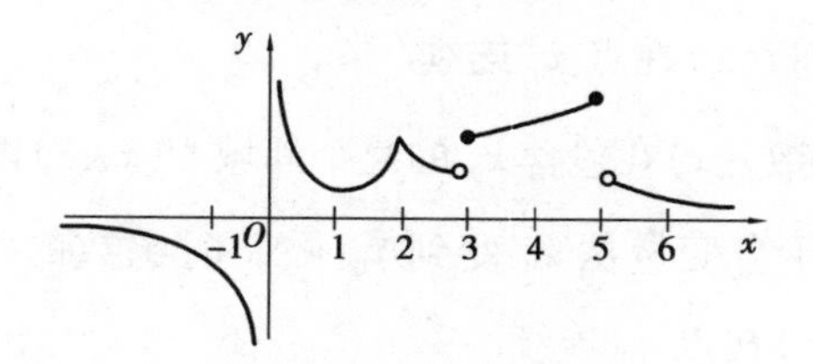

图 1-10

解　这个函数在开区间 $(-\infty,0)$,$(0,3)$ 和 $(5,+\infty)$ 以及闭区间 $[3,5]$ 上连续,$x=0$ 是无穷型间断点,第二类间断点,$x=3$ 和 $x=5$ 是跳跃间断点,第一类间断点.

例 1-24　讨论函数 $f(x)=\sin\dfrac{1}{x}$ 在 $x=0$ 点处的连续性.

解　函数 $f(x)=\sin\dfrac{1}{x}$ 在 $x=0$ 处无定义;当 $x\to 0$ 时,函数值在 -1 与 1 之间振荡(图 1-11),所以点 $x=0$ 是函数 $f(x)=\sin\dfrac{1}{x}$ 的第二类间断点,也称为振荡间断点.

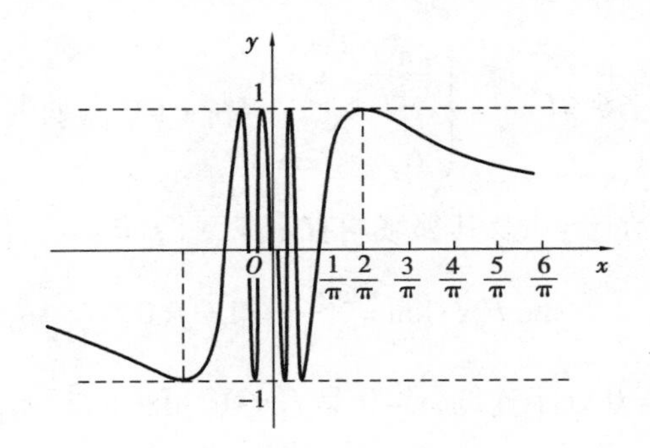

图 1-11

例 1-25　判断函数$f(x)=\begin{cases}x+1, & x>0,\\ 0 & x=0,\\ x-1, & x<0\end{cases}$在 $x=0$ 点处的连续性.

解　显然函数$f(x)=\begin{cases}x+1, & x>0,\\ 0 & x=0,\\ x-1, & x<0\end{cases}$在点 $x=0$ 及其附近均有定义,又

$\lim\limits_{x\to x^-} f(x)=\lim\limits_{x\to x^-}(x-1)=-1$,

$\lim\limits_{x\to x^+} f(x)=\lim\limits_{x\to x^+}(x+1)=1$.

所以,$\lim\limits_{x\to 0^-} f(x)\neq\lim\limits_{x\to 0^+} f(x)$,故$\lim\limits_{x\to 0} f(x)$不存在,函数

$$f(x)=\begin{cases}x+1, & x\geqslant 0,\\ x-1, & x<0\end{cases}$$

在 $x=0$ 点处不连续,$x=0$ 是函数 $f(x)$ 的跳跃间断点,其图像如图 1-12 所示.

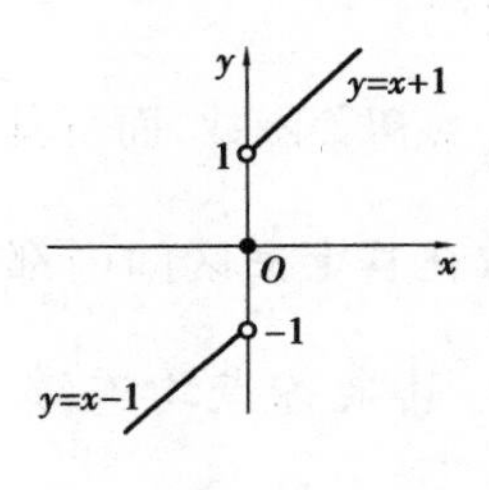

图 1-12

例 1-26 判断函数 $f(x)=\begin{cases}\dfrac{\sin x}{x} & x\neq 0,\\ 0, & x=0\end{cases}$ 在 $x=0$ 点处的连续性.

解 函数 $f(x)$ 在 $x=0$ 及其邻域均有定义,且 $f(0)=0$,但

$$\lim_{x\to 0}f(x)\lim_{x\to 0}=\frac{\sin x}{x}=1\neq f(0),$$

所以 $f(x)$ 在 $x=0$ 处不连续,$x=0$ 是 $f(x)$ 的可去间断点,第一间断点.

1.5.3 连续函数的运算性质与初等函数的连续性

根据极限的运算性质可以得到连续函数的运算性质.

定理 1-14(连续函数的四则运算法则) 若 $f(x)$,$g(x)$ 均在 x_0 连续,则 $f(x)\pm g(x)$,$f(x)\cdot g(x)$ 及 $f(x)g(x)(g(x_0)\neq 0)$ 都在 x_0 连续.

定理 1-15(反函数的连续性) 若 $y=f(x)$ 在区间 I_x 上单值,单增(减),且连续,则其反函数 $x=\varphi(y)$ 也在对应的区间 $I_y=\{y\mid y=f(x),x\in I_x\}$ 上单值,单增(减),且连续.

定理 1-16(复合函数的连续性) 函数 $u=\varphi(x)$ 在点 $x=x_0$ 连续,且 $\varphi(x_0)=u_0$,函数 $y=f(u)$ 在点 u_0 连续,则复合函数 $y=f(\varphi(x))$ 在点 x_0 处连续.

由于基本初等函数在其定义域区间内都是连续的,再结合初等函数的定义以及连续函数的运算性质,可以得出结论:**一切初等函数在其定义区间内都是连续的**. 因此,对于初等函数求其在定义区间内的点处的极限就可直接代入.

例 1-27 求函数 $f(x)=\dfrac{\sin x}{x(1-x)}$ 的所有间断点,并指出间断点的类型.

解 函数 $f(x)=\dfrac{\sin x}{x(1-x)}$ 为初等函数,而且其定义域为 $\{x\mid x\neq 0,x\neq 1\}$,根据前面的结论(一切初等函数在其定义区间内都是连续的)可得 $f(x)$ 除了在 $x=0$,$x=1$ 两点没有定义外,其余各点均连续,又 $\lim\limits_{x\to 0}=\dfrac{\sin x}{x(1-x)}=1$,$\lim\limits_{x\to 1}=\dfrac{\sin x}{x(1-x)}=\infty$. 所以,$x=0$ 是函数 $f(x)$ 的可去间断点,属第一类间断点,$x=1$ 是

函数 $f(x)$ 的第二类间断点中的无穷型间断点.

例 1-28 求极限 $\lim\limits_{x\to0}\frac{\ln(1+x)}{x}$.

解 $\lim\limits_{x\to0}\frac{\ln(1+x)}{x}=\lim\limits_{x\to0}\ln(1-x)^{\frac{1}{x}}=\ln\lim\limits_{x\to0}(1+x)^{\frac{1}{x}}=\ln \mathrm{e}=1.$

1.6 闭区间上连续函数的性质

1.6.1 最值定理

定理 1-17 闭区间上的连续函数在该区间一定有界.

定理 1-18 闭区间上的连续函数一定有最大值和最小值.

需要指出的是,“闭区间”与“连续”两个条件若有一个不满足,则上述结论不一定成立,例如,函数 $y=\tan x$ 在开区间 $\left(-\frac{\pi}{2},\frac{\pi}{2}\right)$ 内是连续的,但它在开区间 $\left(-\frac{\pi}{2},\frac{\pi}{2}\right)$ 内是无界的,且既无最大值又无最小值;又如,函数

$$f(x)=\begin{cases}-x, & -1\leqslant x<0,\\ 1, & x=0,\\ -x+2, & 0<x\leqslant1\end{cases}$$

在闭区间 $[-1,1]$ 上有间断点 $x=0$,这个函数在闭区间 $[-1,1]$ 上虽然有界,但既无最大值也无最小值.

1.6.2 介值定理

定理 1-19(介值定理) 设 $f(x)$ 在 $[a,b]$ 上连续,且 $f(a)\neq f(b)$,则对于 $f(a)$ 与 $f(b)$ 之间的任意常数 C,在 (a,b) 内至少存在一点 ξ,使得 $f(\xi)=Ca<\xi<b$.

推论 1-5 设函数 $f(x)$ 在闭区间 $[a,b]$ 上的连续，则对于 $C\in(m,M)$，必存在 $\xi\in(a,b)$，使得 $f(\xi)=C$.

定义 1-15 若 x_0 使得 $f(x_0)=0$，则称 $f(x_0)$ 为 $f(x)$ 的零点，由介值定理很容易得到零点定理.

定理 1-20 设 $f(x)$ 在 $[a,b]$ 上连续，且 $f(a)$ 与 $f(b)$ 异号，则在开区间 (a,b) 内，至少存在一点 ξ，使得 $f(\xi)=0$，即 $f(x)$ 在 (a,b) 内至少有一个零点.

如图 1-13 所示，从几何上看 $(a,f(a))$ 与 $(b,f(b))$ 在 x 轴的上下两侧，由于 $f(x)$ 连续，显然，在 (a,b) 上，$f(x)$ 的图像与 x 轴至少相交一次.

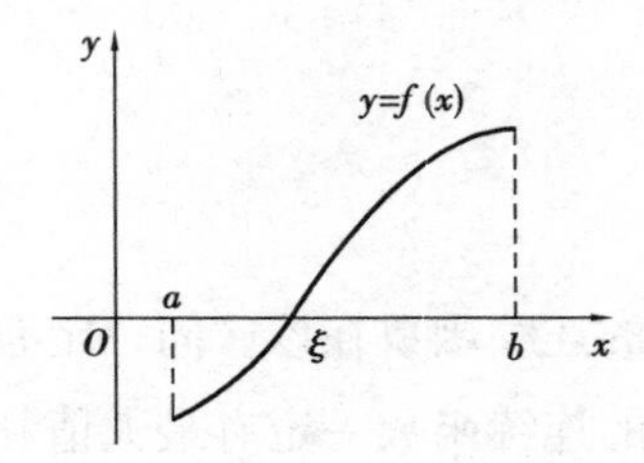

图 1-13

定理 1.20 对判断零点的位置很有用处，但不能求出零点.

例 1-29 证明方程 $x^5-3x=1$ 在区间 $(1,2)$ 内至少有一个根.

证 设函数 $f(x)=x^5-3x-1, x\in[1,2]$，则 $f(x)$ 在 $[1,2]$ 上连续，且

$$f(1)=-3<0, f(2)=25>0,$$

因此，由定理 1-19，在 $(1,2)$ 内至少有一点 $\xi\in(1,2)$，使得 $f(\xi)=0$，即

$$\xi^5-3\xi-1=0.$$

因此，方程 $x^5-3x=1$ 在区间 $(1,2)$ 内至少有一个根.

例 1-30 证明：在一个金属圆环形截面的边缘上，总有彼此相对的两点拥有相同的温度.

证 以圆环形截面的圆心为原点，如图 1-14 所示，建立平面直角坐标系. 设圆截面的半径为 r，圆截面上任意一点 (x,y) 处的温度为 $T(x,y)$，设与 x 轴成 θ 角和 $\theta+\pi$ 角，金属圆环形截面的边缘上两点的温度差为 $f(\theta)$，则 $f(\theta)=T(r\cos\theta, r\sin\theta)-T(r\cos\theta+\pi), r\sin(\theta+\pi)), \theta\in[0,\pi]$. 由于温度是连续

变化的,因此$f(\theta)$在$[\theta,\pi]$上连续且

$$f(0)=T(r,0)-T(-r,0),f(\pi)=T(-r,0)-T(r,0)=-f(0)$$

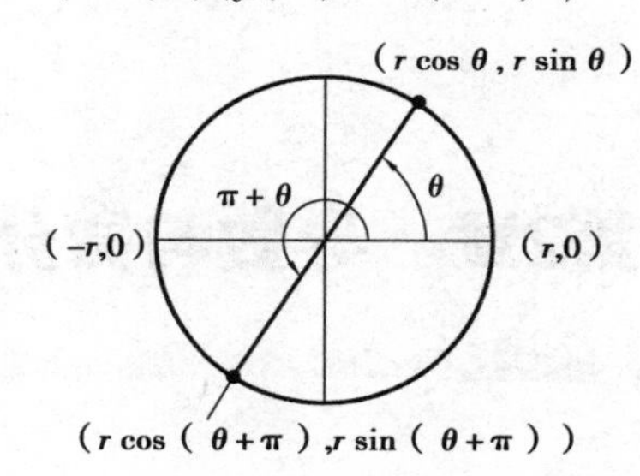

图1-14

若$f(0)=0$,则找到了彼此相对且拥有相同温度的两点.若$f(0)\neq 0$,则$f(0)$与$f(\pi)$异号,由定理1-20可得,至少存在一点$\xi\in(0,\pi)$,使得$f(\xi)=0$,即存在彼此相对的两点拥有相同的温度.

第2章　导数与微分

导数与微分是微分学的两个重要概念，也是微分学中的两个经典数学模型. 导数研究的是函数相对于自变量的变化快慢，而微分研究的是当自变量有微小变化时，函数值的改变量的大小. 本章将介绍导数与微分的概念、计算公式和运算方法.

2.1　导数的概念

2.1.1　导数的产生背景

1）变速直线运动的瞬时速度

设一物体做自由落体运动，其运动方程为 $s=s(t)$，其中 s 为物体在时刻 t 离开起点的位移，求物体在任一时刻 t_0 的瞬时速度.

设物体在时刻 t_0 的位移为 $s(t_0)$，从 t_0 到 $t_0+\Delta t$ 这段时间间隔中，物体的位移为

$$\Delta s=s(t_0+\Delta t)-s(t_0).$$

物体在这段时间间隔内的平均速度为

$$\bar{v}=\frac{\Delta s}{\Delta t}=\frac{s(t_0+\Delta t)-s(t_0)}{\Delta t}.$$

显然这个平均速度不能精确地反映物体在时刻 t_0 的瞬时速度，但 $|\Delta t|$ 越小，用平均速度表示时刻 t_0 的瞬时速度就越精确. 因此当 $\Delta t\to 0$ 时，若极限 $\lim\limits_{\Delta t\to 0}=\frac{\Delta s}{\Delta t}$存在，人们就定义此极限值为物体在 t_0 时刻的瞬时速度，即

$$v(t_0)=\lim_{\Delta t\to 0}\frac{\Delta s}{\Delta t}=\lim_{\Delta t\to 0}\frac{s(t_0+\Delta t)-s(t_0)}{\Delta t}.$$

2）切线斜率

设曲线 C 是函数 $y=f(x)$ 的图形（图 2-1）. 求曲线在点 $M(x_0,y_0)$ 处的切线斜率.

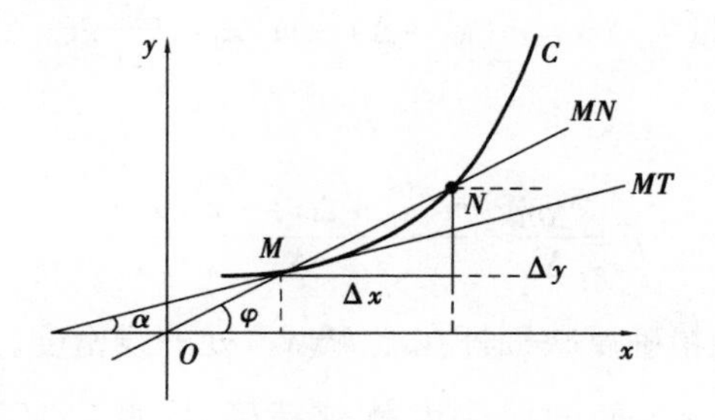

图 2-1

在 C 上 M 附近任取一点 $N(x_0+\Delta x,y_0+\Delta y)$，其中 Δx 可正可负，$\Delta y=f(x_0+\Delta x)-f(x_0)$，作割线 MN，于是割线 MN 的斜率为

$$\tan\varphi=\frac{\Delta y}{\Delta x}=\frac{f(x_0+\Delta x)-f(x_0)}{\Delta x}.$$

当点 N 沿曲线 C 趋于点 M 时，割线 MN 将随之转动，若割线 MN 存在极限位置 MT，则称直线 MT 为曲线 C 在点 M 的切线. 当 N 无限接近 M 时，$\Delta x\to 0$，$\varphi\to\alpha$（α 为切线 MT 的倾角），故曲线 $y=f(x)$ 在点 $A(x_0,y_0)$ 处的切线斜率为

$$\tan\alpha=\lim_{\varphi-\alpha}\tan\varphi=\lim_{\Delta x\to 0}\frac{\Delta y}{\Delta x}=\lim_{\Delta x\to 0}\frac{f(x_0+\Delta x)-f(x_0)}{\Delta x}$$

或记为斜率

$$k=\lim_{\Delta x\to 0}\frac{f(x_0+\Delta x)-f(x_0)}{\Delta x}$$

3）非均匀细杆的质量

设有一根质量非均匀分布的细杆，取杆的一端为坐标原点，分布在$[0,x]$上细杆的质量 m 是点 x 的函数 $m=m(x)$，求细杆在点 $M(x_0)$处的线密度（图2-2）.

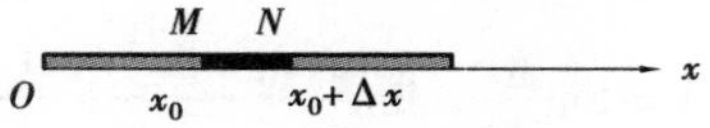

图 2-2

若细杆均匀分布，则单位长度杆的质量称为此细杆的线密度. 为求非均匀细杆在 $M(x_0)$点处的线密度，可在 $M(x_0)$附近任取一点 $N(x_0+\Delta x)$，则在$[x_0, x_0+\Delta x]$上细杆的质量为 $\Delta m=m(x_0+\Delta)-m(x_0)$，$\dfrac{\Delta m}{\Delta x}$表示细杆在$[x_0,x_0+\Delta x]$上的平均线密度$\bar{\mu}$，

$$\bar{\mu}=\frac{\Delta m}{\Delta x}=\frac{m(x_0+\Delta x)-m(x_0)}{\Delta x}$$

平均线密度不能精确反映细杆在点 $M(x_0)$处的线密度，但$|\Delta x|$越小，用平均线密度表示点 $M(x_0)$处的线密度就越精确. 因此定义当 $\Delta x\to 0$ 时，如果$\lim\limits_{\Delta x\to 0}\dfrac{\Delta m}{\Delta x}$存在，则称此极限值为非均匀细杆在点 M 处的线密度. 记为

$$\mu=\lim_{\Delta x\to 0}\frac{\Delta m}{\Delta x}=\lim_{\Delta x\to 0}\frac{m(x_0+\Delta x)-m(x_0)}{\Delta x}.$$

2.1.2 导数的概念

上述 3 个问题虽然有不同的实际背景，但是抛开它们的具体意义而只保留其数学的结构，可以抽象出导数的概念.

1）导数定义

定义 2-1 设函数 $y=f(x)$在点 x_0 及其某邻域有定义，当自变量 x 在 x_0 处

取得增量 $\Delta x(\Delta x \neq 0)$ 时,相应的因变量 y 取得增量 $\Delta y = f(x_0+\Delta x) - f(x_0)$;如果

$$\lim_{\Delta x \to 0}\frac{\Delta y}{\Delta x} = \lim_{\Delta x \to 0}\frac{f(x_0+\Delta x) - f(x_0)}{\Delta x}.$$

存在,则称函数 $y=f(x)$ 在点 x_0 处可导,并称此极限值为函数 $y=f(x)$ 在点 x_0 处的导数,记为 $f'(x_0)$,即

$$f'(x_0) = \lim_{\Delta x \to 0}\frac{\Delta y}{\Delta x} = \lim_{\Delta x \to 0}\frac{f(x_0+\Delta x) - f(x_0)}{\Delta x}$$

也可记为 $y'\Big|_{x=x_0}$,$\dfrac{dy}{dx}\Big|_{x=x_0}$ 或 $\dfrac{df(x)}{dx}\Big|_{x=x_0}$.

如果此极限不存在,则称函数 $y=f(x)$ 在点 x_0 处不可导或导数不存在.

函数 $y=f(x)$ 在点 x_0 处的导数也可用不同的形式表示,常见的有

$$f'(x_0) = \lim_{x \to x_0}\frac{f(x) - f(x_0)}{x - x_0} \text{和} f'(x_0) = \lim_{h \to 0}\frac{f(x_0+h) - f(x_0)}{h}$$

注 1　导数 $f'(x_0)$ 表示的是函数 $f(x)$ 在点 x_0 处的变化率;

注 2　当且仅当 $\lim\limits_{\Delta x \to 0}\dfrac{f(x_0+\Delta x) - f(x_0)}{\Delta x}$ 为定数时,才能称 $y=f(x)$ 在 x_0 点处可导.

2)导函数

定义 2-2　如果函数 $y=f(x)$ 在开区间 (a,b) 内的每点处都可导,就称函数 $f(x)$ 在区间 (a,b) 内可导,并记为 $f(x) \in D(a,b)$. 这时,对于任意的 $x \in (a,b)$,都对应一个确定的导数值 $f'(x)$. 这样就构成了一个新的函数,这个函数称为 $y=f(z)$ 的导函数,记作 $f'(x)$,y',$\dfrac{dy}{dx}$ 或 $\dfrac{df(x)}{dx}$.

若用极限表示函数 $f(x)$ 的导函数,则

$$f'(x) = \lim_{\Delta x \to 0}\frac{f(x+\Delta x) - f(x)}{\Delta x} = \lim_{h \to 0}\frac{f(x+h) - f(x)}{h}.$$

因此,函数 $y=f(x)$ 在点 x_0 处的导数 $f'(x_0)$ 等于导函数 $f'(z)$ 在 x_0 点处的值. 导函数有时也简称导数,下面我们就用导数的定义推出一些基本初等函数

的导数公式.

例 2-1 求函数 $f(x)=C$（C 为常数）的导数.

解 $f'(x)=\lim\limits_{\Delta x\to 0}\dfrac{f(x+\Delta x)-f(x)}{\Delta x}\lim\limits_{\Delta x\to 0}\dfrac{C-C}{\Delta x}=0.$

故得常值函数的求导公式 $C'=0$.

例 2-2 求函数 $f(x)=\sin x$ 的导数 $f'(x)$ 及 $f'\left(\dfrac{\pi}{4}\right)$.

解
$$f'(x)=\lim_{\Delta x\to 0}\frac{f(x+\Delta x)-f(x)}{\Delta x}=\lim_{\Delta x\to 0}\frac{\sin(x+\Delta x)-\sin(x)}{\Delta x}$$
$$=\lim_{\Delta x\to 0}\frac{2\cos\left(x+\dfrac{\Delta x}{2}\right)\sin\dfrac{\Delta x}{2}}{\Delta x}$$
$$=\lim_{\Delta x\to 0}\cos\left(x+\frac{\Delta x}{2}\right)\cdot\frac{\sin\dfrac{\Delta x}{2}}{\dfrac{\Delta x}{2}}=\cos x.$$

即 $(\sin x)'=\cos x$. 故
$$f'\left(\frac{\pi}{4}\right)=(\sin x)'\big|_{x=\frac{\pi}{4}}=\cos\frac{\pi}{4}=\frac{\sqrt{2}}{2}$$

用类似的方法,可求得 $(\cos x)'=-\sin x$.

例 2-3 设函数 $f(x)=x^n$（n 为正整数）,求 $f'(x)$.

解
$$f'(x)=\lim_{\Delta x\to 0}\frac{f(x+\Delta x)-f(x)}{\Delta x}$$
$$=\lim_{\Delta x\to 0}\frac{(x+\Delta x)^n-x^n}{\Delta x}$$
$$=\lim_{\Delta x\to 0}\frac{x^n-nx^{n-1}\Delta x+\dfrac{n(n-1)}{2}x^{n-2}(\Delta x)^2+\cdots+(\Delta x)^n-x^n}{\Delta x}$$
$$=\lim_{\Delta x\to 0}\frac{nx^{n-1}\Delta x+\dfrac{n(n-1)}{2}x^{n-2}(\Delta x)^2+\cdots+(\Delta x)^n}{\Delta x}$$
$$=nx^{n-1},$$

即$(x^n)'=nx^{n-1}$.

以后可以证$(x^{\mu})'=\mu x^{\mu-1}$(μ为实数),这就是幂函数的导数公式.另外一些基本初等函数的导数公式在介绍了导数的运算法则之后再作介绍.

2.1.3　单侧导数

定义 2-3　如果极限$\lim\limits_{\Delta x\to 0^-}\dfrac{f(x_0+\Delta x)-f(x_0)}{\Delta x}$存在,则称此极限值为函数$y=f(x)$在$x_0$的**左导数**,记作$f'_-(x_0)$.如果极限$\lim\limits_{\Delta x\to 0^+}\dfrac{f(x_0+\Delta x)-f(x_0)}{\Delta x}$存在,则称此极限值为函数$y=f(x)$在$x_0$的**右导数**,记作$f'_+(x_0)$.

定理 2-1　函数$y=f(x)$在点x_0处可导的充要条件是$y=f(x)$在点x_0处左右导数存在且相等,即

$$f'(x_0)=A\Leftrightarrow f'_-(x_0)=f'_+(x_0)=A.$$

如果函数$y=f(x)$在开区间(a,b)内每一点都可导,则称$f(x)$在开区间(a,b)内可导,并记为$f(x)\in D(a,b)$.

例 2-4　求函数$f(x)=|x|$(图2-3)在$x=0$点的导数.

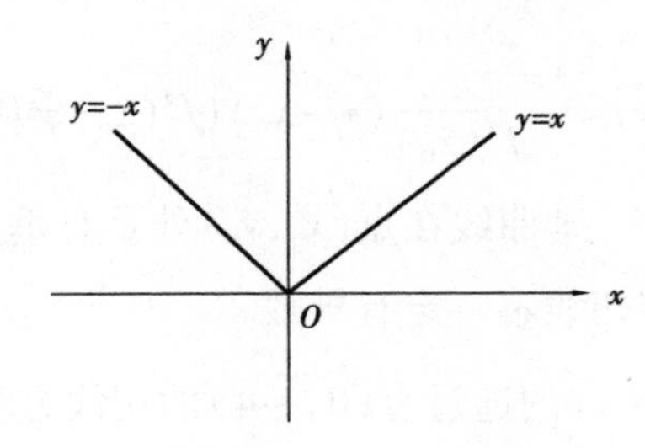

图2-3

解　$f(x)=|x|=\begin{cases}-x, & x\leqslant 0,\\ x, & x>0.\end{cases}$

当$\Delta x<0$时,由左导数定义

$$f'_-(0)=\lim_{\Delta x\to 0^-}\frac{f(0+\Delta x)-f(0)}{\Delta x}$$

$$= \lim_{\Delta x \to 0^-} \frac{-\Delta x - 0}{\Delta x} = -1.$$

当 $\Delta x > 0$ 时,由右导数定义

$$f'_+(0) = \lim_{\Delta x \to 0^-} \frac{f(0+\Delta x) - f(0)}{\Delta x}$$

$$= \lim_{\Delta x \to 0^+} \frac{\Delta x - 0}{\Delta x} = 1.$$

故 $f'_-(0) \neq f'_+(0)$,所以函数 $f(x) = |x|$ 在 $x = 0$ 点不可导.

2.1.4 导数的几何意义

由导数的产生背景通过例 2 可知,函数 $y = f(x)$ 在点 x_0 处的导数等于函数 $y = f(x)$ 所表示的曲线在点 (x_0, y_0) 处的切线斜率,即 $f'(x_0) = \tan\alpha$. 其中 α 是曲线上点 $M(x_0, y_0)$ 处的切线与 x 轴正方向的夹角. 由直线的点斜式方程可以得到该点处的切线方程为

$$y - y_0 = f'(x_0)(x - x_0),$$

过曲线 $y = f(x)$ 上一点 $M(x_0, y_0)$ 且垂直于该点切线的直线称为曲线在该点的法线,法线方程为

$$y - y_0 = -\frac{1}{f'(x_0)}(x - x_0)\,(f'(x_0) \neq 0).$$

如果 $f'(x_0)$ 为无穷大,则曲线在点 (x_0, y_0) 处具有垂直于 x 轴的切线 $x = x_0$. 所以有导数必有切线,有切线不一定有导数.

例 2-5 求曲线 $y = x\sqrt{x}$ 的通过点 $(0, -4)$ 的切线方程.

解 设切点的横坐标为 x_0,则切线的斜率为

$$f'(x_0) = (x^{\frac{3}{2}})' = \frac{3}{2}x^{\frac{1}{2}}\Big|_{x=x_0} = \frac{3}{2}\sqrt{x_0},$$

于是所求切线的方程为

$$y = \frac{3}{2}\sqrt{x_0}(x - x_0)$$

根据题目要求,点 $(0, -4)$ 在切线上,因此

$$-4 - x_0\sqrt{x_0} = \frac{3}{2}\sqrt{x_0}(0 - x_0),$$

解得 $x_0 = 4$. 所以切点的坐标为(4,8),切线斜率 $k = f'(4) = 3$. 于是所求切线的方程为

$$y - 8 = 3(x - 4), \quad 即\ y = 3x - 4.$$

2.1.5 函数可导与连续的关系

定理 2-2 若函数 $y = f(x)$ 在点 x_0 处可导,则函数 $f(x)$ 在 x_0 连续,反之不成立.

证 由于函数 $y = f(x)$ 在点 x_0 处可导,即 $\lim\limits_{\Delta x \to 0}\frac{\Delta y}{\Delta x} = f'(x_0)$,所以 $\lim\limits_{\Delta x \to 0}\Delta y = \lim\limits_{\Delta x \to 0}\left(\frac{\Delta y}{\Delta x}\cdot\Delta x\right) = \lim\limits_{\Delta x \to 0}\frac{\Delta y}{\Delta x}\cdot\lim\limits_{\Delta x \to 0}\Delta x = f'(x_0)\cdot 0 = 0$,故 $y = f(x)$ 在点 x_0 连续.

反之,$f(x)$ 在 x_0 处连续时,$f(x)$ 在点 x_0 处不一定可导.

如图 2-4 所示,函数 $f(x) = \sqrt[3]{x}$ 在区间 $(-\infty, +\infty)$ 内连续,但在点 $x = 0$ 处不可导. 这是因为函数在点 $x = 0$ 处导数为无穷大,即

$$f'(0) = \lim_{x \to 0}\frac{f(0 + x) - f(0)}{x} = \lim_{x \to 0}\frac{\sqrt[3]{x} - 0}{x} = \lim_{x \to 0}\frac{1}{\sqrt[3]{x^2}} = +\infty.$$

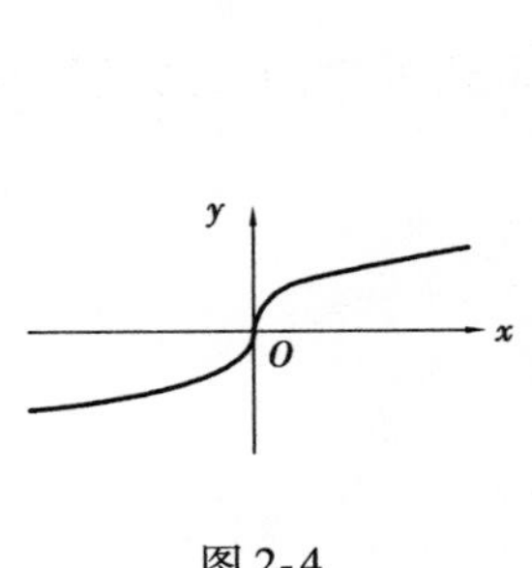

图 2-4

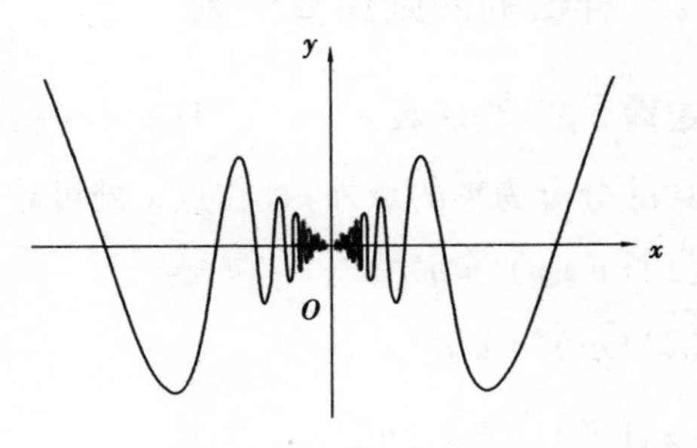

图 2-5

例 2-6 讨论函数 $f(x) = \begin{cases} x\sin\frac{1}{x}, & x \neq 0, \\ 0, & x = 0 \end{cases}$ 在 $x = 0$ 点的连续性与可导性.

解　由于$\lim\limits_{x\to0}f(x)=\lim\limits_{x\to0}x\sin\dfrac{1}{x}=0$，所以$f(x)$在$x=0$连续. 事实上$f(x)$在$(-\infty,+\infty)$内处处连续.

但$f'(0)=\lim\limits_{x\to0}\dfrac{f(0+x)-f(0)}{x}=\lim\limits_{x\to0}\dfrac{x\sin\frac{1}{x}-0}{x}=\lim\limits_{x\to0}\dfrac{1}{x}$不存在，所以$f(x)$在$x=0$不可导(图2-5).

2.2　导数的运算法则

2.1节根据导数的定义，求出了一些基本初等函数的导数公式. 但是如果对于每一个函数都利用导数定义去求导往往会很困难. 因此本节首先将介绍求导数的四则运算法则、反函数的导数法则，由此推导出基本初等函数的导数公式，然后来介绍复合函数求导的链式法则，借助这些法则和公式，我们能够求出常见函数的导数.

2.2.1　导数的四则运算法则

定理2-3　设函数$u=u(x)$及$v=v(x)$在点x处可导，那么它们的和、差、积、商(除分母为零的点外)都在点x处可导，并且

(1)$(u\pm v)'=u'\pm v'$;

(2)$(uv)'=u'v+uv'$;

(3)$\left(\dfrac{u}{v}\right)'=\dfrac{u'v-uv'}{v^2}$.

下面给出法则(1)的证明，法则(2)、(3)的证明从略.

证　(1)设$y=u\pm v$，则当z取得增量Δx时，u,v分别取得增量

$$\Delta u=u(x+\Delta x)-u(x),\Delta v=v(x+\Delta x)-v(x),$$

于是

$$\begin{aligned}\Delta y &= [u(x+\Delta x) \pm v(x+\Delta x)] - [u(x) \pm v(x)] \\ &= [u(x+\Delta x) - u(x)] \pm [v(x+\Delta x) - v(x)] \\ &= \Delta u \pm \Delta v.\end{aligned}$$

所以

$$y' = \lim_{\Delta x \to 0}\frac{\Delta y}{\Delta x} = \lim_{\Delta x \to 0}\frac{\Delta u \pm \Delta v}{\Delta x} = \lim_{\Delta x \to 0}\frac{\Delta u}{\Delta x} \pm \lim_{\Delta x \to 0}\frac{\Delta v}{\Delta x} = u' \pm v'$$

法则(1)、(2)可推广到任意有限个可导函数的情形,即

$(u_1 \pm u_2 \pm \cdots \pm u_n)' = u_1' \pm u_2' \pm \cdots \pm u_n'$(其中 n 为自然数),

$(u_1 u_2 \cdots u_n)' = u_1' u_2 \cdots u_n + u_1 u_2' \cdots u_n + \cdots + u_1 u_2 \cdots u_n'$.

在法则(2)中,如果 $v = C$(C 为常数),因为 $C' = 0$,则有

$$(Cu)' = Cu',$$

即常数因子可以从导数符号中提出.

例 2-7 设 $y = 3x^2 - 5x + \sin\frac{\pi}{3}$,求 y'.

解 由法则(1),得

$$y' = \left(3x^2 - 5x + \sin\frac{\pi}{3}\right)' = 6x - 5 + 0 = 6x - 5.$$

例 2-8 设 $y = x^3 \sin x$,求 y'.

解 由法则(2),得

$$y' = (x^3 \sin x)' = (x^3)' \sin x + x^3 (\sin x)' = 3x^2 \sin x + x^3 \cos x.$$

例 2-9 设 $y = \frac{x+1}{x-1}(x \neq 1)$,求 y'.

解 由法则(3),得

$$\begin{aligned}y &= \left(\frac{x+1}{x-1}\right)' = \frac{(x+1)'(x-1) - (x+1)(x-1)'}{(x-1)^2}. \\ &= \frac{(x-1) - (x+1)}{(x-1)^2} = \frac{-2}{(x-1)^2}.\end{aligned}$$

例 2-10 设 $y = \sec x$,求 y'.

解 $y=\sec x=\dfrac{1}{\cos x}$, $y'=\dfrac{0-1\cdot(\cos x)'}{\cos^2 x}=\dfrac{\sin x}{\cos^2 x}$

$=\tan x\sec x$,

故$(\sec x)'=\tan x\sec x$.

类似地,可得$(\csc x)'=-\cot x\csc x$.

值得注意的是导数的四则运算法则只有在$u(x)$,$v(x)$均在x处可导的条件下才能运用.

2.2.2 反函数的求导法则

定理 2-4 设函数$x=f(y)$在某区间I_y内单调、可导且$f'(y)\neq 0$,则其反函数$y=f^{-1}(x)$在对应区间$I_x=\{x\mid x=f(y),y\in I_y\}$内也可导,并且

$$(f^{-1})'(x)=\frac{1}{f'(y)}\text{或}\frac{dy}{dx}=\frac{1}{\dfrac{dx}{dy}}.$$

证 $x\in I_x$,设$\Delta x\neq 0$,且$x+\Delta x\in I_x$由$x=f(y)$单调,可知其反函数$y=f^{-1}(x)$单调,故$\Delta y=f^{-1}(x+\Delta x)-f^{-1}(x)\neq 0$,即$\dfrac{dy}{dx}=\dfrac{1}{\dfrac{dx}{dy}}$.

由$x=f(y)$可导可知$x=f(y)$连续,所以其反函数$y=f^{-1}(x)$在点x处连续,于是$\Delta x\to 0$时,必有$\Delta y\to 0$,且$\lim\limits_{\Delta x\to 0}\dfrac{\Delta x}{\Delta y}=f'(y)\neq 0$,因此

$$\lim_{\Delta x\to 0}\frac{\Delta y}{\Delta x}=\lim_{\Delta y\to 0}\frac{1}{\dfrac{\Delta x}{\Delta y}}=\frac{1}{\lim\limits_{\Delta y\to 0}\dfrac{1}{\dfrac{\Delta x}{\Delta y}}}=\frac{1}{f'(y)}$$

即

$$(f^{-1})'(x)=\frac{1}{f'(y)}\text{或}\frac{dy}{dx}=\frac{1}{\dfrac{dx}{dy}}.$$

定理 2-4 表明,反函数的导数等于它的直接函数导数的倒数.

例 2-11 求$y=\arcsin x(-1<x<1)$的导数.

解　$y=\arcsin x$ 在$(-1<x<1)$上的直接函数为 $x=\sin y$ 其中$\left(-\frac{\pi}{2}<y<\frac{\pi}{2}\right)$，$x-\sin y$ 在$\left(-\frac{\pi}{2},\frac{\pi}{2}\right)$上单调增加，且 $x'=(\sin y)'=\cos y>0$，所以

$$(\arcsin x)'=\frac{1}{(\sin y)'}=\frac{1}{\cos y}=\frac{1}{\sqrt{1-\sin^2 y}}\frac{1}{\sqrt{1-x^2}}=\frac{1}{\sqrt{1-x^2}},$$

类似地，$(\arccos x)'=-\frac{1}{\sqrt{1-x^2}}$.

2.2.3　复合函数的求导法则

定理2-5　如果 $u=\varphi(x)$在点 x 处可导，函数 $y=f(u)$在 x 对应的点 $u=\varphi(x)$处可导，则复合函数 $y=f[\varphi(x)]$在点 x 处可导，且

$$\frac{\mathrm{d}y}{\mathrm{d}x}=f'(u)\cdot\varphi'(x)\text{或}\frac{\mathrm{d}y}{\mathrm{d}x}=\frac{\mathrm{d}y}{\mathrm{d}u}\cdot\frac{\mathrm{d}u}{\mathrm{d}x}.$$

此法则称为复合函数求导的链式法则.

证　因为 $y=f(u)$在点 u 处可导，所以$\lim\limits_{\Delta u\to 0}\frac{\Delta y}{\Delta u}=f'(u)$存在，由趋向于极限的量与无穷小量之间的关系得

$$\frac{\Delta y}{\Delta u}=f'(u)+\alpha,$$

其中$\lim\limits_{\Delta u\to 0}\alpha=0$.

若 $\Delta u\neq 0$，则

$$\Delta y=f'(u)\Delta u+\alpha\Delta u \tag{2-1}$$

若 $\Delta u=0$，则由 $\Delta y=f(u+\Delta u)-f(u)=0$，所以对于任何 α，式(2-1)均成立. 因此可规定此时 $\alpha=0$.

即无论 $\Delta u=0$ 或 $\Delta u\neq 0$，式(2-1)均成立. 于是

$$\frac{\Delta y}{\Delta x}=f'(u)\frac{\Delta u}{\Delta x}$$

两端取极限

$$\lim_{\Delta x\to 0}\frac{\Delta y}{\Delta x}=f'(u)\lim_{\Delta x\to 0}\frac{\Delta u}{\Delta x}$$

由于已知 $u=\varphi(x)$ 在 x 处可导,所以 $u=\varphi(x)$ 在 x 处连续.

当 $\Delta x\to 0$ 时,$\Delta u\to 0$,从而 $\alpha\to 0$,故

$$\frac{\mathrm{d}y}{\mathrm{d}x}=f'(u)\cdot\varphi'(x)$$

$$=f'(\varphi(x))\varphi'(x).$$

定理 2-5 说明,(1)复合函数 $y=f[\varphi(x)]$ 对自变量 x 的导数等于函数对中间变量的导数与中间变量对自变量的导数的乘积,即 $\{f[\varphi(x)]\}'=f'[\varphi(x)]\cdot\varphi'(x)$.

(2)若要求 $y=f[\varphi(x)]$ 在某一点 x_0 的导数,则 $\frac{\mathrm{d}y}{\mathrm{d}x}=|_{x=x_0}=f'[\varphi(x_0)]\cdot\varphi'(x_0)=f'(u_0)\varphi'(x_0)$,其中 $u_0=\varphi(x_0)$.

(3)公式可推广到任意有限个函数复合的情形,如 $y=f(u)$,$u=u(v)$,$v=v(x)$,则 $\frac{\mathrm{d}y}{\mathrm{d}x}=\frac{\mathrm{d}y}{\mathrm{d}u}\cdot\frac{\mathrm{d}u}{\mathrm{d}v}\cdot\frac{\mathrm{d}v}{\mathrm{d}x}$. 运用复合函数求导法则时,关键是弄清复合函数的复合关系,由外向内一层一层地逐个求导,不能遗漏.

例 2-12 求 $y=\sin(4x+3)$ 的导数.

解 此函数由 $y=\sin u$,$u=4x+3$ 复合而成

$$\frac{\mathrm{d}y}{\mathrm{d}x}=\frac{\mathrm{d}y}{\mathrm{d}u}\cdot\frac{\mathrm{d}u}{\mathrm{d}x}=(\sin u)'\cdot(4x+3)'$$

$$=\cos u\cdot 4=4\cos(4x+3).$$

例 2-13 求 $y=\sin^2 3x$ 的导数.

解 此函数由 $y=u^2$,$u=\sin v$,$v=3x$ 复合而成,从而有

$$\frac{\mathrm{d}y}{\mathrm{d}x}=\frac{\mathrm{d}y}{\mathrm{d}u}\cdot\frac{\mathrm{d}u}{\mathrm{d}v}\cdot\frac{\mathrm{d}v}{\mathrm{d}x}=2u\cdot\cos v\cdot 3$$

$$=6\sin 3x\cdot\cos 3x.$$

例 2-14 求幂函数 $y=x^\alpha$(α 为实数)的导数.

解 $y=x^\alpha=\mathrm{e}^{\alpha}\ln x$. 此函数由 $y=\mathrm{e}^u$,$u=\alpha\ln x$ 复合而成,所以

$$\frac{\mathrm{d}y}{\mathrm{d}x}=\frac{\mathrm{d}y}{\mathrm{d}u}\cdot\frac{\mathrm{d}u}{\mathrm{d}x}=\mathrm{e}^{u}\cdot(\alpha\ln x)'$$

$$=\mathrm{e}^{\alpha\ln x}\frac{\alpha}{x}=\alpha\frac{x^{\alpha}}{x}$$

$$=\alpha x^{\alpha-1}.$$

2.2.4　基本初等函数的导数公式

经过上面的讨论,现在可以将基本初等函数的求导公式归纳如下.

(1) $(C)'=0$;

(2) $(x^{\alpha})'=\alpha x^{\alpha-1}$;

(3) $(ax)'=a^{x}\ln a$;

(4) $(\mathrm{e}^{x})'=\mathrm{e}^{x}$;

(5) $(\log_{a}x)'=\dfrac{1}{x\ln a}$;

(6) $(\ln x)'=\dfrac{1}{x}$;

(7) $(\sin x)'=\cos x$;

(8) $(\cos x)'=-\sin x$;

(9) $(\tan x)'=\sec^{2}x$;

(10) $(\cot x)'=-\csc^{2}x$;

(11) $(\sec x)'=\sec x\tan x$;

(12) $(\csc x)'=-\csc x\cot x$;

(13) $(\arcsin x)'=\dfrac{1}{\sqrt{1-x^{2}}}$;

(14) $(\arccos x)'=\dfrac{-1}{\sqrt{1-x^{2}}}$;

(15) $(\arctan x)'=\dfrac{1}{1+x^{2}}$;

(16) $(\operatorname{arccot} x)'=\dfrac{-1}{1+x^{2}}$.

有了这些公式和导数的四则运算法别以及复合函数的求导法则就可以求初等函数的导数.

例2-15　设 $y=\ln|x|$,求 y'.

解　$y=\ln|x|=\begin{cases}\ln(-x), & x<0,\\ \ln x, & x>0.\end{cases}$

$$y'=\begin{cases}-\dfrac{1}{x}(-x)'=\dfrac{1}{x}, & x<0\\[2ex] \dfrac{1}{x}, & x>0\end{cases}$$

所以 $(\ln|x|)'=\dfrac{1}{x}$. $(x\neq0)$

例 2-16 设 $y=\mathrm{e}^{|x-1|}$ 求 $y'(x)$.

解 这里求的是导函数

$$y=\mathrm{e}^{|x-1|}=\begin{cases}\mathrm{e}^{1-x}, x\leqslant 1,\\ \mathrm{e}^{x-1}, x>1.\end{cases}$$

当 $x<1$ 时,$y'=\mathrm{e}^{1-x}\cdot(1-x)'=-\mathrm{e}^{1-x}$,

当 $x>1$ 时,$y'\mathrm{e}^{x-1}(x-1)'=\mathrm{e}^{x-1}$.

而在 $x=1$ 点处,由于函数在左右两侧的表达式不同,所以需要用导数定义分左右导数考虑.

$$f'_-(1)=\lim_{x\to1^-}\frac{f(x)-f(1)}{x-1}=\lim_{x\to1^-}\frac{\mathrm{e}^{1-x}-1}{x-1}=-1,(x\to1^-,\mathrm{e}^{1-x}-1\sim1-x)$$

$$f'_+(1)=\lim_{x\to1^+}\frac{f(x)-f(1)}{x-1}=\lim_{x\to1^+}\frac{\mathrm{e}^{1-x}-1}{x-1}=1,$$

$f'_-(1)\neq f'_+(1)$,故 $f(x)$ 在 $x=1$ 不可导,所以

$$y'(x)=\begin{cases}-\mathrm{e}^{1-x}, & x<1,\\ \text{不存在}, & x=1,\\ -\mathrm{e}^{1-x}, & x>1.\end{cases}$$

例 2-17 设 $y=f(x)=\begin{cases}x^2\sin\dfrac{1}{x}, & x\neq0,\\ 0, & x=0.\end{cases}$ 求 $f'(x)$,并讨论 $f(x)$ 在 $x=0$ 点处的连续性.

解 $x\neq0$ 时,$y'=2x\sin\dfrac{1}{x}+x^2\cos\dfrac{1}{x}\cdot\left(-\dfrac{1}{x^2}\right)$.

$x=0$ 时,用导数定义有

$$f'(0)=\lim_{x\to0}\frac{f(x)-f(0)}{x-1}$$

$$=\lim_{x\to0}\frac{x^2\sin\frac{1}{x}-0}{x}=\lim_{x\to0}x\sin\frac{1}{x}$$

$$=0.$$

因此

$$f'(x)=\begin{cases}2x\sin\frac{1}{x}-\cos\frac{1}{x}, & x\neq 0,\\ 0, & x=0.\end{cases}$$

但是$\lim\limits_{x\to 0}f'(x)=\lim\limits_{x\to 0}\left(2x\sin\frac{1}{x}-\cos\frac{1}{x}\right)$不存在，故导函数$f'(x)$在$x=0$点处不连续.

2.3 隐函数的导数、由参数方程所确定的函数的导数

2.3.1 隐函数的导数

若因变量y表示为自变量x的明确表达式$y=f(x)$，则称$y=f(x)$为显函数. 如$y=\ln(x^2+3x+5)$，$y=e^{-\frac{x}{2}}\sin(\omega x+\varphi)$等，而有时变量$x$与$y$的关系不用显式给出，甚至在某些情形下不能用显式给出，这就产生了隐函数概念. 例如$e^y=2x$，$x^2+y^2=a^2$，$y-x-\varepsilon\sin y=0$等. 前面两个方程可以将y表示为x的函数，而第三个方程y不能表示为z的函数(但是x可以表示为y的函数).

一般地，称由方程$F(x,y)=0$所确定的函数为隐函数. 这里一个方程两个变元，x，y有对等的关系，有些情况下y是x的函数，有些情况下，x也可以是y的函数.

把一个隐函数化成显函数，称为隐函数的显化，隐函数的显化有时有困难，甚至是不可能的. 但是无论能否解出函数的显示表达式，人们都可以利用复合函数的求导法则求出隐函数的导数.

1)隐函数的定义

定义 2-4 给定方程$F(x,y)=0$，如果在某区间(a,b)上存在着函数$y=f(x)$，使$\forall x\in(a,b)$，$F(x,f(x))=0$成立，则称$y=f(x)$是由方程$F(x,y)=0$

确定的隐函数.

有关隐函数的存在理论,这里不讨论,只关注隐函数的导数.

2)隐函数求导法

设由方程 $F(x,y)=0$ 确定了隐函数 $y=y(x)$,于是对方程两端关于 x 求导,遇到 x 直接求导,遇到 y 就将 y 看成 x 的函数,再乘以 y 对 x 的导数 y',得到一个含有 y' 的方程,然后从中解出 y' 即可.

例 2-18 设函数 $y=y(x)$ 由方程 $e^y=2x$ 所确定,求 y'.

解法 1 将函数解成显式再求导.

对方程 $e^y=2x$ 两端取自然对数

$$y=\ln 2x,$$

将 y 看作 x 的函数,应用复合函数求导法则,有

$$y'=\frac{2}{2x}=\frac{1}{x}.$$

解法 2 对方程两端关于 x 求导. 注意 y 是 x 的函数,得

$$e^y y'=2,$$

解得

$$y'=\frac{2}{e^y}=\frac{2}{2x}=\frac{1}{x}.$$

对隐函数求导以后常用第二种方法.

例 2-19 求由方程 $\ln\sqrt{x^2+y^2}=\arctan\frac{y}{x}$ 所确定的隐函数 $y=y(x)$ 的导数 y'.

解 对方程两端关于 x 求导,得

$$\frac{1}{\sqrt{x^2+y^2}}\frac{2x+2yy'}{2\sqrt{x^2+y^2}}=\frac{1}{1+\left(\frac{y}{x}\right)^2}\frac{y'x-y\cdot 1}{x^2},$$

整理得 $\frac{x+yy'}{x^2+y^2}=\frac{y'x-y}{x^2+y^2}$,因此 $x+yy'=y'x-y$,解得 $y'=\frac{x+y}{x-y}$,

例 2-20 设 $y=y(x)$ 由方程 $e^y+2xy-e=0$ 所确定,求 $y'(0)$.

解 对方程两端关于 x 求导,得

$$(e^y)' + (2xy)' - (e)' = 0,$$

即 $e^y \cdot y' + 2(y + xy') = 0$,故

$$y' = \frac{-2y}{e^y + 2x}.$$

将 $x = 0$ 代入方程解得 $y = 1$,故 $y'(0) = -2/e$.

例 2-21　证明曲线$\sqrt{x} + \sqrt{y} = a$ 上任意一点的切线在两坐标轴上的截距之和为常数 $a(a > 0)$.

证　设(x_0, y_0)为曲线上任一点,如有$(\sqrt{x_0} + \sqrt{y_0})^2 = \sqrt{a^2} = a$,先求出曲线在该点的切线斜率,对$\sqrt{x} + \sqrt{y} = \sqrt{a}$两端关于 x 求导,则

$$\frac{1}{2\sqrt{x}} + \frac{y'}{2\sqrt{y}} = 0,\ y' = \sqrt{\frac{y}{x}}.$$

在(x_0, y_0)处切线斜率 $y'|_{(x_0, y_0)} = -\sqrt{\frac{y_0}{x_0}}$,于是得切线方程

$$y - y_0 = -\sqrt{\frac{y_0}{x_0}}(x - x_0).$$

令 $y = 0$,则 $x = x_0 + \sqrt{x_0 y_0}$,再令 $x = 0$,得 $y = y_0 + x_0 - y_0$. 故两截距之和是

$$x_0 + y_0 + 2\sqrt{x_0 y_0} = (\sqrt{x_0} + \sqrt{y_0})^2 = \sqrt{a^2} = a.$$

3)对数求导法

在求导过程中我们发现有的函数虽然是显函数形式,但却不好求导,例如,幂指函数,$y = f(x)^{g(x)}$ $(f(x) > 0, f(x), g(x)$可导)就没有求导公式;又如函数 $y = \frac{(2x+3)\sqrt[3]{6-x}}{\sqrt[5]{x+1}}$,$y = \sqrt{e^{\frac{1}{x}}\sqrt{x\sqrt{\sin x}}}$. 如果直接求导会非常复杂. 因此我们考虑用两端取自然对数的方法将其转化为隐函数后再求导. 一般称这种方法为对数求导法.

对 $y = f(x)^{g(x)}$ $(f(x) > 0, f(x), g(x)$ 可导),两端取自然对数 $\ln y = g(x)\ln f(x)$,两端对 x 求导,显然 y 是 x 的函数,于是

$$\frac{y'}{y}=g'(x)\ln f(x)+g(x)\cdot\frac{f'(x)}{f(x)}$$

$$y'=y\left[g'(x)\ln f(x)+\frac{g(x)}{f(x)}f'(x)\right]$$

$$=f(x)^{g(x)}\left[g'(x)\ln f(x)+\frac{g(x)}{f(x)}f'(x)\right].$$

例 2-22 设 $y=x^{\arcsin x}(x>0)$,求 y'.

解 取对数 $\ln y=\arcsin x\ln x$,两端对 x 求导

$$\frac{y'}{y}=\frac{1}{1-x^2}\ln x+\arcsin x\cdot\frac{1}{x},$$

$$y'=x^{\arcsin x}\left[\frac{\ln x}{\sqrt{1-x^2}}+\frac{\arcsin x}{x}\right].$$

例 2-23 设函数 $x=x(y)$ 由方程 $x^y=y^x(x>0,y>0)$ 所确定,求$\frac{\mathrm{d}x}{\mathrm{d}y}$.

解 对方程两端取自然对数

$$y\ln x=x\ln y,$$

将 x 看作 y 的函数,y 求导,$x=x(y)$ 得

$$\ln x+y\cdot\frac{x'}{x}=x'\ln y+x\frac{1}{y},$$

解得

$$x'(y)=\frac{\frac{x}{y}-\ln x}{\frac{y}{x}-\ln y}=\frac{x(x-y\ln x)}{y(y-x\ln y)}.$$

例 2-24 设 $y=y(x)$ 由方程 $x^{y^2}+y^2\ln x-4=0$ 所确定,求 y'.

解 将方程改写为 $\mathrm{e}^{y^2\ln x}+y^2\ln x-4=0$,再对 x 求导

$$\mathrm{e}^{y^2\ln x}\left[2yy'\ln x+\frac{y^2}{x}\right]+2yy'\ln x+\frac{y^2}{x}=0.$$

注意到 $x^{y^2}=\mathrm{e}^{y^2\ln x}$,解出 y' 并化简得 $y'=-\frac{y}{2x\ln x}$.

下面再介绍用对数求导法求由多个因子乘除所表示的函数的导数.

例 2-25　设 $y=\dfrac{(2x+3)\sqrt[3]{6-x}}{\sqrt[5]{x+1}}$,求 y'.

解　对两端取自然对数 $\ln y=\ln\dfrac{(2x+3)\sqrt[3]{6-x}}{\sqrt[5]{x+1}}$,利用对数的性质

$$\ln y=\ln(2x+3)+\frac{1}{3}\ln(6-x)-\frac{1}{5}\ln(x+1),$$

再对 x 求导,其中 $y=y(x)$,

$$\frac{y'}{y}=\frac{2}{2x+3}-\frac{1}{3}\cdot\frac{1}{6-x}-\frac{1}{5}\cdot\frac{1}{x+1}.$$

所以

$$y'=\frac{(2x+3)\sqrt[3]{6-x}}{\sqrt[5]{x+1}}\left[\frac{2}{2x+3}-\frac{1}{3(6-x)}-\frac{1}{5(x+1)}\right].$$

例 2-26　设 $y=\sqrt{e^{\frac{1}{x}}\sqrt{x\sqrt{\sin x}}}$,求 y'.

解　将函数改写为 $y=e^{\frac{1}{2x}}\cdot x^{\frac{1}{4}},\sin x^{\frac{1}{8}}$,两端取对数

$$\ln y=\frac{1}{2x}\ln e+\frac{1}{4}\ln x+\frac{1}{8}\ln\sin x,$$

$$\frac{y'}{y}=-\frac{1}{2x^2}+\frac{1}{4x}+\frac{\cos x}{8\sin x}.$$

所以 $y'=\sqrt{e^{\frac{1}{x}}\sqrt{x\sqrt{\sin x}}}\left(-\dfrac{1}{2x^2}+\dfrac{1}{4x}+\dfrac{1}{8}\cot x\right)$.

2.3.2　由参数方程所确定的函数的导数

设 y 与 x 的函数关系由参数方程 $\begin{cases}x=x(t)\\ y=y(t)\end{cases}$,所确定,求 $\dfrac{dy}{dx}$.

虽然通过参数方程消去参数 t,将 y 表示为 x 的函数后求出 $\dfrac{dy}{dx}$ 不失为一种方法,但是消去参数 t 有时会有困难. 因此,我们需要找到一种方法能直接求出由参数方程所确定的函数的导数.

定理 2-6　若 $x(t)$,$y(t)$ 均可导,$x(t)$ 存在可导的反函数,且 $x'(t)\neq 0$,则由

参数方程$\begin{cases} x = x(t) \\ y = y(t) \end{cases}$,所确定的函数 $y = y(x)$ 可导,且$\frac{\mathrm{d}y}{\mathrm{d}x} = \frac{y'(t)}{x'(t)}$.

证 记 $x = x(t)$ 的反函数为 $t = t(x)$,于是 $y = y[t(x)]$,利用复合函数和反函数的导数公式,

$$\frac{\mathrm{d}y}{\mathrm{d}x} = \frac{\mathrm{d}y}{\mathrm{d}t} \cdot \frac{\mathrm{d}t}{\mathrm{d}x} = \frac{\mathrm{d}y}{\mathrm{d}t} \cdot \frac{1}{\frac{\mathrm{d}x}{\mathrm{d}t}} = \frac{y'(t)}{x'(t)} (x'(t) \neq 0),$$

即$\frac{\mathrm{d}y}{\mathrm{d}x} = \frac{y'(t)}{x'(t)}$.

上式就是由参数方程所确定的函数的求导公式.

例 2-27 已知抛射体的运动方程为$\begin{cases} x = v_1 t, \\ y = v_2 t - \frac{1}{2}gt^2 \end{cases}$,其运动轨迹如图 2-6 所示,求抛射体在时刻 t 的瞬时速度 v 的大小与方向.

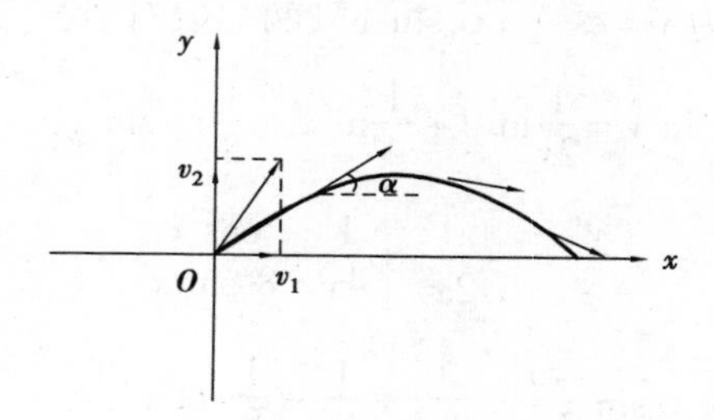

图 2-6

解 抛射体在时刻 t 的瞬时速度 v 的大小等于其水平分速度与竖直分速度的合成,即

$$|\vec{v}_2| = \lim_{\Delta t \to 0} \frac{\Delta y}{\Delta t} = y'(t) = v_2 - gt$$

$$|\vec{v}| = \sqrt{|\vec{v}_1|^2 + |\vec{v}_2|^2} = \sqrt{v_1^2 + (v_2 - gt)^2}$$

设 α 为速度 v 与 x 轴正方向之间的夹角,由导数的几何意义可知

$$\tan \alpha = \frac{\mathrm{d}y}{\mathrm{d}x} = \frac{y'(t)}{x'(t)} = \frac{v_2 - gt}{v_1}.$$

所以 $\alpha=\arctan\frac{v_2-gt}{v_1}$,由此可知抛物体的入射角($t=0$)为

$$\alpha=\arctan\frac{v_2}{v_1}.$$

当 $\tan\alpha=\frac{v_2-gt}{v_1}=0$,即 $t=\frac{v_2}{g}$时,运动方向水平,抛射体达到最高点.

例 2-28 设 $y=y(x)$ 由方程 $\begin{cases}xe^t+t\cos x=\pi\\ y=\sin t+(\cos t)^2\end{cases}$,所确定,求曲线在 $x=0$ 所对应点处的切线方程.

解 将 $x=0$ 代入方程得 $t=\pi$, $y=1$. 为求由参数方程所确定的曲线在点 $(0,1)$处的切线斜率,先要求出 $x'(t)$,$y'(t)$.

将 x 看成 t 的函数,对 $xe^t+t\cos x=\pi$ 两端关于 t 求导得

$$x'e^t+xe^t+\cos x-t\sin x\cdot x'=0,$$

解 得 $x'(t)=\frac{xe^t-\cos x}{t\sin x-e^t}-t\sin x$,将 $t=\pi$,$x=0$ 代入得

$$x'(t)\big|_{t=\pi}=-e^{-\pi},$$

再对 $y=\sin t+(\cos t)^2$ 关于 t 求导,

$$y'(t)=\cos t+2\cos t(-\sin t),y'(t)\big|_{t=\pi}=-1,$$

所以$\frac{dy}{dx}\big|_{(0,1)}=\frac{y'(t)}{x'(t)}\big|_{t=\pi}=\frac{-1}{-e^{-\pi}}=e^{\pi}$.

因此,曲线在$(0,1)$处的切线方程为 $y-1=e^{\pi}(x-0)$,即 $y=e^{\pi}x+1$ 为所求.

隐函数与参数方程所确定的函数的求导法则都是根据复合函数求导的链式法则得出的,所以熟练地掌握复合函数的求导法则十分重要.

2.3.3 相关变化率

设在某一变化过程中 y 是 x 的函数,而 y 与 x 又都是第三个变量 t 的函数,$x=x(t)$对 t 可导,从而变化率$\frac{dx}{dt}$与$\frac{dy}{dt}$间也存在一定关系. 这两个相互依赖的变

化率称为相关变化率. 相关变化率问题就是研究这两个变化率之间的关系,以便从其中一个变化率求出另一个变化率.

例 2-29 某船被一绳索牵引靠岸,绞盘比船头高 4 m,拉动绳索的速度为 2 m/s,问当船距岸边 8 m 时船前进的速率为多少?

解 如图 2-7 所示,设 t 时刻该船与岸的距离为 x m,船与绞盘的距离为 y m,则 $x^2+4^2=y^2$,其中 y 与 x 均为时间 t 的函数,已知 $\frac{\mathrm{d}y}{\mathrm{d}t}=2$ m/s,在方程两边同时对 t 求导,得

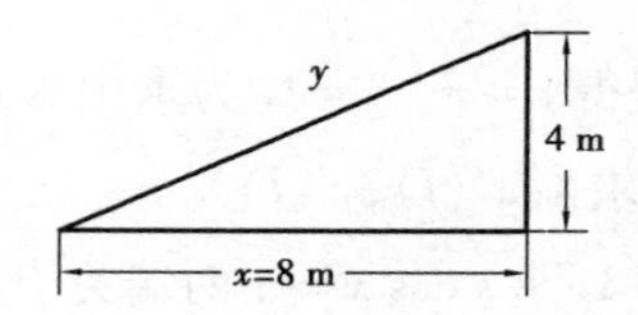

图 2-7

$$2x\frac{\mathrm{d}x}{\mathrm{d}t}=2y\frac{\mathrm{d}y}{\mathrm{d}t},\frac{\mathrm{d}x}{\mathrm{d}t}=\frac{y}{x}\frac{\mathrm{d}y}{\mathrm{d}t}.$$

将 $x=8$ 代入 $x^2+4^2=y^2$ 得 $y=4\sqrt{5}$,又 $\frac{\mathrm{d}y}{\mathrm{d}t}=2$ m/s,于是得 $\frac{\mathrm{d}x}{\mathrm{d}t}=\sqrt{5}$ m/s,即当船距岸边 8 m 时船前进的速率为 $\sqrt{5}$ m/s.

2.4 高阶导数

一般地,函数 $y=f(x)$ 的导数 $f'(x)$ 仍然是 x 的函数,它称为 $f(x)$ 的一阶导数. 如果 $f'(x)$ 的导数存在,就称其为函数 $y=f(x)$ 的二阶导数,记作 y'', $f''(x)$ 或 $\frac{\mathrm{d}^2y}{\mathrm{d}x^2}$.

根据导数的定义,$f''(x)=\lim\limits_{\Delta x\to 0}\frac{f'(x+\Delta x)-f'(x)}{\Delta x}$.

类似地,函数 $y=f(x)$ 的二阶导数的导数,称为 $y=f(x)$ 的三阶导数,…,$(n-1)$ 阶导数的导数称为 n 阶导数,并分别记作

$$y''',\cdots,y^{(n)}\text{或}f'''(x),\cdots,f^{(n)}(x)\text{或}\frac{\mathrm{d}^3y}{\mathrm{d}x^3},\cdots,\frac{\mathrm{d}^ny}{\mathrm{d}x^n}.$$

二阶及二阶以上的导数统称高阶导数.与一阶导数类似,$y=f(x)$ 在点 x_0 处的二阶导数记为 $f''(x_0)$ 或 $y''(x_0)$,n 阶导数就记为 $f^{(n)}(x_0)$ 或 $y^{(n)}(x_0)$.做变速直线运动的质点若其运动方程为 $s=s(t)$,则在 t_0 时刻质点的瞬时速度为 $v(t_0)=s'(t_0)$;在 t_0 时刻质点的加速度 $a=v'(t_0)=s''(t_0)$.

求高阶导数就是多次连续地求导数,因此可用前面学过的求导方法来计算高阶导数.

例 2-30　$y=ax^2+bx+c$,求 y''.

解　$y'=2ax+b$,$y''=2a$,$y'''=0$.

例 2-31　求 n 次多项式 $P_n(x)=a_0x^n+a_1x^{n-1}+\cdots+a_{n-1}x+a_n$ 的 n 阶导教.

解　$P_n'(x)=a_0nx^{n-1}+a_1(n-1)x^{n-2}+\cdots+a_{n-1}$,

$P_n''(x)=a_0n(n-1)x^{n-2}+a_1(n-1)(n-2)x^{n-3}+\cdots+2a^{n-2}$,

每求一次导数,多项式的幂次就降低一次,因此

$$P_n^{(n)}(x)=a_0n(n-1)(n-2)\cdots3\cdot2\cdot1=a_0n!.$$

由此可知,对 n 次多项式 $P_n(x)$ 求高于 n 阶的导数均为 0,即

$$P_n^{(n+1)}(x)=P_n^{(n+2)}(x)=\cdots=0.$$

例 2-32　设 $f(x)=\mathrm{e}^{2x}\sin 3x$,求 $f''(0)$.

解　$f'(x)=(\mathrm{e}^{2x})'\sin 3x+\mathrm{e}^{2x}(\sin 3x)'$

$=\mathrm{e}^{2x}\cdot2\cdot\sin 3x+\mathrm{e}^{2x}\cdot\cos 3x\cdot3$

$=2\mathrm{e}^{2x}\sin 3x+3\mathrm{e}^{2x}\cos 3x$,

$f''(x)=2[(\mathrm{e}^{2x})'\sin 3x+\mathrm{e}^{2x}(\sin 3x)']+3[(\mathrm{e}^{2x})'\cos 3x+\mathrm{e}^{2x}(\cos 3x)']$

$=2[2\mathrm{e}^{2x}\sin 3x+\mathrm{e}^{2x}\cos 3x\cdot3]+3[2\mathrm{e}^{2x}\cos 3x+\mathrm{e}^{2x}(-\sin 3x)\cdot3]$

$=-5\mathrm{e}^{2x}\sin 3x+12\mathrm{e}^{2x}\cos 3x$,

所以

$$f''(0)=12.$$

例 2-33　求函数 $y=xe^x$ 的 n 阶导数.

解　$y'=xe^x+e^x=e^x(x+1)$,

$y''=e^x(x+1)+e^x=e^x(x+2)$,

$y''=e^x(x+2)+e^x=e^x(x+3)$,

$\vdots$

$y^{(n)}=e^x(x+n)$.

例 2-34　求正弦函数的 n 阶导数.

解　$y=\sin x$,

$y'=\cos x=\left(\sin x+\dfrac{\pi}{2}\right)$

$y''=\cos\left(x+\dfrac{\pi}{2}\right)=\sin\left(x+\dfrac{\pi}{2}+\dfrac{\pi}{2}\right)=\sin\left(x+2\cdot\dfrac{\pi}{2}\right)$

$y''=\cos\left(x+2\cdot\dfrac{\pi}{2}\right)=\sin\left(x+2\cdot\dfrac{\pi}{2}+\dfrac{\pi}{2}\right)=\sin\left(x+3\cdot\dfrac{\pi}{2}\right)$

一般地,可得

$$y(n)=\sin\left(x+n\cdot\frac{\pi}{2}\right),$$

即

$$(\sin x)^n=\sin\left(x+n\cdot\frac{\pi}{2}\right).$$

类似的,可得

$$(\cos x)^n=\cos\left(x+n\cdot\frac{\pi}{2}\right).$$

例 2-35　求 $y=\sin^2 x$ 的 n 阶导数.

解　$y=\sin^2 x=\dfrac{1}{2}(1-\cos 2x)$,

$$y^{(n)}=\left(\frac{1}{2}-\frac{1}{2}\cos 2x\right)^n$$

$$=\left[0-\frac{1}{2}\cos\left(2x+\frac{\pi}{2}\right)\cdot(2x)'\right]^{(n-1)}$$

$$=\left[-\frac{1}{2}\cdot 2\cos\left(2x+\frac{\pi}{2}\right)\right]^{(n-1)}$$

$$=\left[-\frac{1}{2}\cdot 2\cos\left(2x+\frac{2\pi}{2}\right)\cdot(2x)'\right]^{(n-2)}$$

$$=\left[-\frac{1}{2}\cdot 2^2\cos\left(2x+\frac{2\pi}{2}\right)\right]^{(n-2)}$$

$$=\cdots=-\frac{1}{2}2^n\cos\left(2x+\frac{n\pi}{2}\right)$$

$$=-2^{n-1}\cos\left(2x+\frac{n\pi}{2}\right).$$

例 2-36　设 $y=\dfrac{x^5-x^4+2x^2-3x}{x-1}$，求 $y^{(5)}$.

解　因为 $y=x^4+2x-1-\dfrac{1}{x^{-1}}$，$(x^4+2x-1)^{(5)}=0$，所以

$$\begin{aligned}
y^{(5)}&=0-[(x-1)^{-1}]^{(5)}\\
&=-[(-1)(x-1)^{-2}]^{(4)}\\
&=-[(-1)(-2)(x-1)^{-3}]^{(3)}\\
&=\cdots=-[(-1)(-2)(-3)(-4)(-5)(x-1)^{-6}]\\
&=5!\ \frac{1}{(x-1)^6}=\frac{120}{(x-1)^6}.
\end{aligned}$$

例 2-37　求方程 $\begin{cases}x=a\cos^3 t\\ y=b\sin^3 t\end{cases}$ 所确定的函数的二阶导数 $\dfrac{d^2y}{dx^2}$.

解　$\dfrac{dy}{dx}=\dfrac{(b\sin^3 t)'}{(a\cos^3 t)'}=\dfrac{3b\sin^2 t\cos t}{3a\cos^2 t(-\sin t)}=-\dfrac{b\sin t}{a\cos t}=-\dfrac{b}{a}\tan t$，

$$\frac{d^2y}{dx^2}=\frac{\dfrac{d\left(\dfrac{dy}{dx}\right)}{dt}}{\dfrac{dx}{dt}}=\frac{\left(-\dfrac{b}{a}\tan t\right)'}{(a\cos^3 t)'}$$

$$=\frac{b}{3a^2\sin t\cos^4 t}.$$

例 2-38 设 $y=u(x)v(x)$，$u(x)$，$v(x)$ n 阶可导，求 $y^{(n)}$.

解
$$y'=u'v+uv',$$
$$y''=u''v+2u'v'+uv'',$$
$$y'''=u'''v+3u'''v'+3uv''+uv''',$$
$$\cdots$$

用数学归纳法可证

$$y^{(n)}=u^{(n)}v^{(0)}+nu^{(n-1)}v'+\frac{n(n-1)}{2!}u^{(n-2)}v''+\cdots+$$
$$\frac{n(n-1)(n-2)\cdots(n-k+1)^{u(n-k)v(k)+u(0)v(n)}}{k!}. \tag{2-2}$$

式(2-2)称为两个函数乘积的 n 阶导数公式，也称为莱布尼茨公式，利用莱布尼茨公式时，要特别注意正确选择 u，v，公式中 $u^{(0)}$ 表示对 $u(x)$ 不求导.

例 2-39 设 $y=x^2\sin 2x$，求 $y^{(5)}(0)$.

解 设 $y=x^2\sin 2x$，$u^{(n)}=\sin\left(2x+\frac{n\pi}{2}\right)\cdot 2^n$，$v=x^2$，$v'=2x$，$v''=2$，$v'''=0$，

$$(x^2\sin 2x)^{(5)}=(\sin 2x)^{(5)}\cdot(x^2)^{(0)}+5(\sin 2x)^{(4)}(x^2)'+$$
$$\frac{5\cdot 4}{2!}(\sin 2x)^{(3)}(x^2)''+\frac{5\cdot 4\cdot 3}{3!}(\sin 2x)''(x^2)''$$
$$=\sin\left(2x+\frac{5\pi}{2}\right)\cdot 2^5\cdot x^2+5\sin\left(2x+\frac{4\pi}{2}\right)\cdot 2^4\cdot 2x+5\cdot 2\cdot$$
$$\sin\left(2x+\frac{3\pi}{2}\right)\cdot 2^3\cdot 2+0.$$

例 2-40 设 $y=f(x^2)$，f 二阶可导，求 y''.

解 $y'=f'(x^2)\cdot 2x$，$y''=4x2f''(x^2)+2f'(x^2)$

例 2-41 利用变换 $t=\sqrt{x}$，将方程 $4x\frac{\mathrm{d}^2y}{\mathrm{d}x^2}+2(1+x)\frac{\mathrm{d}y}{\mathrm{d}x}-6y=\mathrm{e}^{\sqrt[3]{x}}(x>0)$ 化为以 t 为自变量的方程.

解　将 t 看成中间变量,x 看成自变量,则 $y=y(t)$,$t=x$,利用复合函数求导的法则有

$$\frac{dy}{dx}=\frac{dy}{dt}\frac{dt}{dx}=\frac{dy}{dt}\cdot\frac{1}{2\sqrt{x}};$$

$$\frac{d^2y}{dx^2}=\frac{d}{dx}\left(\frac{dy}{dt}\right)\cdot\frac{1}{2\sqrt{x}}+x\frac{dy}{dt}\frac{d\left[\frac{1}{2\sqrt{x}}\right]}{dx}$$

$$=\frac{d^2y}{dt^2}\frac{dy}{dx}\cdot\frac{1}{2\sqrt{x}}\cdot\frac{dy}{dt}\left[\frac{1}{-4x\sqrt{x}}\right]$$

$$=\frac{d^2y}{dt^2}\frac{1}{2\sqrt{x}}\cdot\frac{1}{2\sqrt{x}}-\frac{1}{4x\sqrt{x}}\frac{dy}{dt}.$$

将$\frac{dy}{dx}$,$\frac{d^2y}{dx^2}$代入原方程

$$4x\left[\frac{1}{4x}\frac{d^2y}{dx^2}-\frac{1}{-4x\sqrt{x}}\frac{dy}{dt}\right]+2-(1-\sqrt{x})\cdot\frac{1}{2\sqrt{x}}\frac{dy}{dx}-6y=e^{3t}$$

得$\frac{d^2y}{dt^2}-\frac{1}{\sqrt{x}}\frac{dy}{dt}+\frac{1}{\sqrt{x}}\frac{dy}{dt}-\frac{dy}{dt}-6y=e^{3t}$, 故$\frac{d^2y}{dt^2}-\frac{dy}{dt}-6y=e^{3t}$为所求.

下面再用一个例子来说明怎样求由参数方程所确定函数的二阶导数.

例 2-42　设 $y=y(x)$ 由参数方程$\begin{cases}x=\arctan t,\\ y=\ln(1+t^2)\end{cases}$确定,求$\frac{d^2y}{dt^2}\Big|_{t=1}$.

解根据定理2-6,参数式函数求导的公式是

$$\frac{dy}{dx}=\frac{y'(t)}{x'(t)}=\frac{\frac{2t}{1+t^2}}{\frac{1}{1+t^2}}=2t.$$

怎样求二阶导数呢?

$$\frac{d^2y}{dx^2}=\frac{dy'}{dx}.$$

这里 y'是 t 的函数,由 $x=\arctan t$ 又知 t 是 x 的函数,所以利用复合函数求

导的链式法则和反函数的导数公式有

$$\frac{d^2y}{dx^2}=\frac{dy'}{dx}=\frac{dy'}{dt}\cdot\frac{dt}{dx}=\frac{\frac{dy'}{dt}}{\frac{dx}{dt}}=\frac{2}{\frac{1}{1+t^2}}=2(1+t^2)$$

故$\frac{d^2y}{dx^2}\big|_{t=1}=4$. 所以参数方程的二阶导数为

$$\frac{d^2y}{dx^2}=\frac{dy'}{dx}=\frac{dy'}{dt}\cdot\frac{dt}{dx}=\frac{\frac{dy'}{dt}}{\frac{dx}{dt}}.$$

例 2-43 设 $y=\tan(x+y)$,求 $y''(x)$.

解 对方程两端关于 x 求导

$$y'=\sec^2(x+y)(1+y')$$

解得

$$y'=\frac{\sec^2(x+y)}{1-\sec^2(x+y)}=-\csc^2(x+y),$$

对上式两端再关于 x 求导,得

$$y''=-2\csc(x+y)[-\csc(x+y)\cdot\cot(x+y)]\cdot(1+y'),$$

$$y''=2\csc^2(x+y)\cot(x+y)\cdot(1+y').$$

将 $y'=-\csc^2(x+y)$ 代入上式化简得

$$y''=-2\csc^2(x+y)\cot^3(x+y).$$

2.5 微　分

函数的微分是微分学的又一个重要概念,本节将介绍微分的定义、微分与导数的关系、微分的运算法则以及利用微分作函数的线性近似.

2.5.1　微分的概念

我们先分析一个由自变量的微小变化引起函数值的微小变化的实例.

例 2-44　边长为 x 的正方形金属薄片,因受热其边长增加了 Δx,求其面积改变了多少?

解　如图 2-8 所示,设正方形面积为 $y=x^2$,面积的增量为

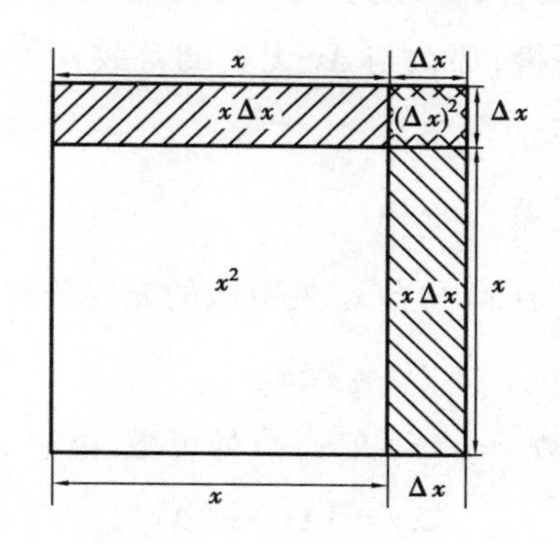

图 2-8

$$\Delta y=(x+\Delta x)^2-x^2=2x\Delta x+(\Delta x)^2.$$

Δy 由两部分组成,一部分是 $2x\Delta x$,即图中两个矩形的面积;另一部分是 $(\Delta x)^2$,即图中小正方形的面积. 显然 $2x\Delta x$ 是 Δy 的主要部分,且当 x 一定时,$2x$ 为常数,$2x\Delta x$ 是 Δx 的线性函数,$2x$ 又恰好为 x^2 在点 x 处的导数;而另一部分 $(\Delta x)^2$ 是 $\Delta x\to 0$ 时的高阶无穷小,也就是说,$2x\Delta x$ 是增量的主要部分,$\Delta y\approx 2x\Delta x$,故称 $2x\Delta x$ 为函数 $y=x^2$ 在点 x 处的微分.

一般地,当函数 $y=f(x)$ 比较复杂,在点 x 处的改变量 Δy 不好计算时,可以用 Δx 的线性函数 $A\Delta x$ 来作近似,如果 $\lim\limits_{\Delta x\to 0}\dfrac{\Delta y-A\Delta x}{\Delta x\to 0}=0$,则这种近似是合理的,$A\Delta x$ 就称为函数 $y=f(x)$ 在该点的微分.

1)微分的定义

定义 2-5　设函数 $y=f(x)\mathrm{d}x$ 在点 x_0 及其邻域有定义,若 $f(x)$ 在点 x_0 处的

增量 $\Delta y = f(x+\Delta x) - f(x)$ 与自变量增量 Δx 满足如下关系

$$\Delta y = A\Delta x + o(\Delta x),$$

其中 A 是与 Δx 无关的常数，$o(\Delta x)$ 是 $\Delta x \to 0$ 时的高阶无穷小. 则称函数 $y=f(x)$ 在点 x_0 处**可微**. $A \cdot \Delta x$ 称为函数 $y=f(x)$ 在点 x_0 处的**微分**，并记为 $\mathrm{d}y|_{x=x_0} = A\Delta x$，$A\Delta x(A \neq 0)$ 称为 Δy 的**线性主部**.

由微分的定义自然要问：函数 $y=f(x)$ 需要满足什么条件才可微？如果函数 $y=f(x)$ 在点 x_0 处可微，那么与 Δx 无关的常数 A 等于什么？下面的定理对这两个问题给出了回答.

2）可微与可导的关系

定理 2-7 函数 $y=f(x)$ 在点 x_0 处可微的充要条件是 $y=f(x)$ 在点 x_0 处可导，且 $A=f'(x_0)$，即 $\mathrm{d}y|_{x=x_0} = f'(x_0)\Delta x$.

证 必要性. 设函数 $y=f(x)$ 在 x_0 点处可微，由定义有

$$\Delta y = A\Delta x + o(\Delta x),$$

其中 A 是与 Δx 无关的常数，$\lim\limits_{\Delta x \to 0} \dfrac{o(\Delta x)}{\Delta x} = 0$

对上式两边同时除以 Δx

$$\frac{\Delta y}{\Delta x} = A + \frac{o(\Delta x)}{\Delta x},$$

取极限，得

$$f'(x_0) = \lim_{\Delta x \to 0} \frac{\Delta y}{\Delta x} = A + \frac{o(\Delta x)}{\Delta x} = A,$$

即 $y=f(x)$ 在 x_0 处可导，且 $f'(x) = A$.

充分性. 若 $y=f(x)$ 在 x_0 点处可导，则

$$\lim_{\Delta x \to 0} \frac{\Delta y}{\Delta x} = f'(x_0),$$

由趋向于极限的量与无穷小量之间的关系

$$\frac{\Delta y}{\Delta x} = f'(x_0) + \alpha,$$

其中$\lim\limits_{\Delta x \to 0} =0$，即

$$\Delta y = f'(x_0)\Delta x + \alpha \Delta x,$$

显然$\lim\limits_{\Delta x \to 0} \dfrac{\alpha \Delta x}{\Delta x} = 0$，即$\alpha \Delta x = o(\Delta x)$

$$\Delta y = f'(x_0)\Delta x + o(\Delta x).$$

由于$f'(x_0)$与Δx无关，所以由微分的定义知$y=f(x)$在点x_0处可微.

定理2-7说明一元函数$y=f(x)$在x_0处可微与可导等价，且常数$A=f'(x_0)$，于是$\mathrm{d}y\big|_{x=x_0}=f'(x_0)\cdot\Delta x$.

一般地，我们又将自变量的增量Δx规定为自变量的微分，记为$\mathrm{d}x$，即$\Delta x=\mathrm{d}x$. 于是函数在点x_0处的微分表达式也可记为$\mathrm{d}y=f'(x_0)\mathrm{d}x$.

若函数在区间I上每一点都可微，则$\mathrm{d}y=f'(x)\mathrm{d}x$.

这个公式反映了导数与微分的关系，由于$\mathrm{d}y$，$\mathrm{d}x$处分别表示因变量与自变量的微分，所以它们都有各自的意义，从而导数就可以表示为它们的商，即$f'(x)=\dfrac{\mathrm{d}y}{\mathrm{d}x}$，所以引入微分概念以后，导数记号$\dfrac{\mathrm{d}y}{\mathrm{d}x}$就不再是一个完整的记号了，而可以看成两个**微分的商**，简称为**微商**.

例2-45　设$y=2x^2-x$，当$x=1$，$\Delta x=0.01$时，求Δy与$\mathrm{d}y$.

解

$$\begin{aligned}\Delta y &= y(x+\Delta x)-y(x)\\ &=2(x+\Delta x)^2-(x+\Delta x)-2x^2+x\\ &=4x\Delta x+2(\Delta x)^2-\Delta x,\end{aligned}$$

$$\Delta y\Big|_{\substack{x=1\\ \Delta x=0.01}}=0.030\,2,\ \mathrm{d}y\Big|_{\substack{x=1\\ \Delta x=0.01}}=0.03.$$

例2-46　求函数$y=x\ln(2x)$的微分.

解　由于$y'=[x\ln(2x)]'=\ln(2x)+x\cdot\dfrac{1}{2x}\cdot 2=\ln(2x)+1$，所以

$$\mathrm{d}y=y'\mathrm{d}x=(\ln(2x)+1)\mathrm{d}x.$$

2.5.2　微分的运算法则

由前面推导的结论$\mathrm{d}y=f'(x)$可知，要计算函数$y=f(x)$的微分，可归结为

求 $y=f(x)$ 的导数，由导数的基本公式与运算法则，很容易得到微分的计算公式和运算法则.

1）基本初等函数的微分公式

(1) $\mathrm{d}(C)=0$（C 为常数）； (2) $\mathrm{d}x^{\alpha}=\alpha x^{\alpha-1}\mathrm{d}x$；

(3) $\mathrm{d}a^{x}=a^{x}\ln a\mathrm{d}x$； (4) $\mathrm{d}e^{x}=e^{x}\mathrm{d}x$；

(5) $\mathrm{d}(\log_a x)=\dfrac{1}{x\ln a}\mathrm{d}x\ (a>0,a\neq1)$； (6) $\mathrm{d}(\ln x)=\dfrac{1}{x}\mathrm{d}x$；

(7) $\mathrm{d}(\sin x)=\cos x\mathrm{d}x$； (8) $\mathrm{d}(\cos x)=-\sin x\mathrm{d}x$；

(9) $\mathrm{d}(\tan x)=\sec^2 x\mathrm{d}x$； (10) $\mathrm{d}(\cot x)=-\csc^2 x\mathrm{d}x$；

(11) $\mathrm{d}(\sec x)=\sec x\tan x\mathrm{d}x$； (12) $\mathrm{d}(\csc x)=-\csc x\cot x\mathrm{d}x$；

(13) $\mathrm{d}(\arcsin x)=\dfrac{1}{\sqrt{1-x^2}}\mathrm{d}x$； (14) $\mathrm{d}(\arccos x)=\dfrac{-1}{\sqrt{1-x^2}}\mathrm{d}x$；

(15) $\mathrm{d}(\arctan x)=\dfrac{1}{1+x^2}\mathrm{d}x$； (16) $\mathrm{d}(\mathrm{arccot}\, x)=-\dfrac{1}{1+x^2}\mathrm{d}x$.

2）微分的四则运算法则

由函数的和、差、积、商的求导法则，可得到微分的四则运算法则. 设函数 $u=u(x)$，$v=v(x)$ 在点 x 处可微，则有

(1) $\mathrm{d}(u\pm v)=\mathrm{d}u\pm\mathrm{d}v$；

(2) $\mathrm{d}(Cu)=C\mathrm{d}u$；

(3) $\mathrm{d}(uv)=v\mathrm{d}u+u\mathrm{d}v$；

(4) $\mathrm{d}\left(\dfrac{u}{v}\right)=\dfrac{v\mathrm{d}u-u\mathrm{d}v}{v^2}\ (v\neq0)$.

这些法则的证明可直接从微分的定义与上述定理得出.

3）一阶微分形式的不变性

当 u 为自变量时，若函数 $y=f(u)$ 在点 x 处可微，则 $\mathrm{d}y=f'(u)\mathrm{d}u$.

当 u 不是自变量，而是中间变量时，若 $u=\varphi(x)$ 在点 x 处可微，$y=f(u)$ 在相应的点 u 处可微，则由复合函数求导法则推得复合函数的微分法则

$$dy = df[\varphi(x)] = \{f[\varphi(x)]\}'dx = f'[\varphi(x)] \cdot \varphi'(x)dx.$$

又因 $du = \varphi'(x)dx$，所以仍有 $dy = f'(u)du$. 故无论 u 是自变量还是中间变量，函数 $y = f(u)$ 的微分总是保持同一形式 $dy = f'(u)du$，这一性质称为一阶微分形式的不变性. 利用该性质可方便地计算微分.

例 2-47　$y = \sin^3(2x+3)$，求 dy.

解法 1　利用 $dy = y'dx$，得

$$\begin{aligned} dy &= [\sin^3(2x+3)]'dx \\ &= 3\sin^2(2x+3)\cos(2x+3) \cdot 2dx \\ &= 6\sin^2(2x+3)\cos(2x+3)dx. \end{aligned}$$

解法 2　利用微分形式不变性

$$\begin{aligned} dy &= 3\sin^2(2x+3)d\sin(2x+3) \\ &= 3\sin^2(2x+3)\cos(2x+3)d(2x+3) \\ &= 3\sin^2(2x+3)\cos(2x+3) \cdot 2dx \\ &= 6\sin^2(2x+3)\cos(2x+3)dx. \end{aligned}$$

例 2-48　求 $xy = e^{x+y}$ 所确定的函数 $y = y(x)$ 的微分 dy.

解　对方程两端求微分，得

$$xdy + ydx = e^{x+y}d(x+y),$$

$$xdy + ydx = e^{x+y}(dx + dy),$$

$$xdy - e^{x+y}dy = e^{x+y}dx - ydx,$$

$$(x - e^{x+y})dy = (e^{x+y} - y)dx,$$

所以

$$dy = \frac{e^{x+y} - y}{x - e^{x+y}}dx.$$

2.5.3　函数的线性近似

首先介绍微分的几何意义. 如图 2-9 所示，在曲线 $y = f(x)$ 上，过点 $M(x_0, y_0)$，作切线 MT，切线的倾斜角为 α，当 x 有微小增量 Δx 时，得到曲线上另一点

$N(x_0+\Delta x, y_0+\Delta y)$.

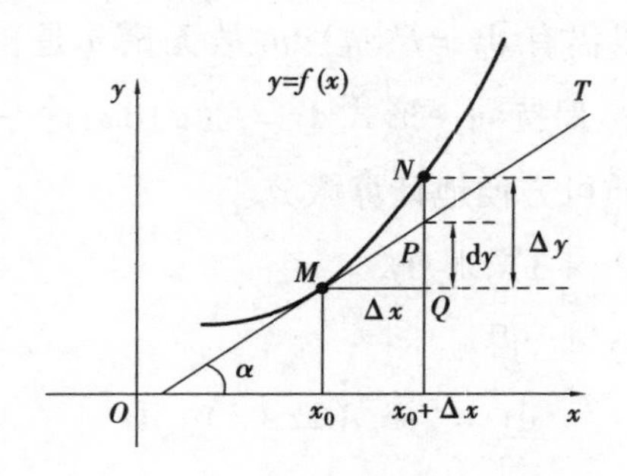

图 2-9

在 ΔMQP 中，$MQ=\Delta x$，$\tan\alpha=f'(x_0)$，

则 $PQ=MQ\cdot\tan\alpha=f'(x_0)\Delta x=f'(x_0)\mathrm{d}x$

即 $\mathrm{d}y=PQ$.

由此可得到微分的几何意义：对给定的 x_0 和 Δx，函数 $y=f(x)$ 的微分 $\mathrm{d}y$ 等于曲线 $y=f(x)$ 在点 (x_0,y_0) 处的切线纵坐标的增量. 并且 $|\Delta x|$ 越小，$\mathrm{d}y$ 与 Δy 相差就越小，所以 $\mathrm{d}y\approx\Delta y$，这在几何上表示在点 $(x_0,f(x_0))$ 附近用切线近似代替曲线，由此产生的误差是 Δx 的高阶无穷小. 过切点 $(x_0,f(x_0))$ 的切线方程是 $y=f(x_0)+f'(x_0)(x-x_0)$ 这个切线方程是 $(x-x_0)$ 的一次函数，所以是线性函数. 在切线附近用这个线性函数去近似代替曲线，称为函数的局部线性化方法，这是微分学的重要思想方法之一.

下面就利用微分的定义推出两个线性近似公式.

若函数 $y=f(x)$ 在点 x_0 处可微，则

$$\Delta y=A\Delta x+o(\Delta x)=f'(x_0)\Delta x+o(\Delta x). \tag{2-3}$$

当 $|\Delta x|$ 很小，且 $f'(x_0)\neq 0$ 时，就得到增量的近似计算公式

$$\Delta y\approx \mathrm{d}y=f'(x_0)\Delta x \tag{2-4}$$

式(2-4)又可写成 $f(x_0+\Delta x)-f(x_0)\approx f'(x_0)\Delta x$，故 $f(x_0+\Delta x)\approx f(x_0)+f'(x_0)\Delta x$.

令 $x=x_0+\Delta x$，则 $\Delta x=x-x_0$，得

$$f(x) \approx f(x_0) + f'(x_0)(x - x_0). \tag{2-5}$$

这就是函数值的线性近似计算公式.

例 2-49　利用微分计算 cos 30°30′的近似值.

解　设$f(x) = \cos x$,则$f'(x) = -\sin x$,取$x_0 = \frac{\pi}{6}$,$\Delta x = \frac{\pi}{360}$,代入式(2-5)

$$\cos x \approx \cos x_0 + (\cos x)'\big|_{x=x_0} \cdot \Delta x,$$

故

$$\cos 30°30' \approx \cos \frac{\pi}{6} + \left(-\sin \frac{\pi}{6}\right) \times \frac{\pi}{360}$$

$$= -0.861\,7,$$

即$\cos 30°30' \approx 0.861\,7$.

在工程问题,经常会遇到一些复杂的计算公式.如果直接用这些公式进行计算,那是很费力的.利用微分往往可以把一些复杂的计算公式改用简单的近似公式来代替.

在$f(x) \approx f(x_0) + f'(x_0)(x - x_0)$中,取$x_0 = 0$,得

$$f(x) \approx f(0) + f'(0)x, \tag{2-6}$$

这就是零点的线性近似公式.

我们可由式(2-6)推导出一些常用的近似公式.

(1)$\sin x \approx x$(x用弧度作单位来表达);

(2)$(1 + x)\alpha \approx 1 + \alpha x$;

(3)$e^x \approx 1 + x$;

(4)$\tan x \approx x$(x用弧度作单位来表达);

(5)$\ln(1 + x) \approx x$.

下面给出(1)的证明

设$f(x) = \sin x$,则$f'(x) = \cos x$,$f(0) = \sin 0 = 0$,$f'(0) = \cos 0 = 1$.由式(2-6)得

$$\sin x \approx 0 + 1(x - 0) = x,$$

其余的零点近似计算公式,类似可证.

例 2-50 计算 $\ln(1.05)$的近似值.

解 因 $\ln(1.05)=\ln(1+0.05)$,由公式 $\ln(1+x)\approx x$ 得

$$\ln(1.05)=\ln(1+0.05)\approx 0.05,$$

故 $\ln(1.05)\approx 0.05$.

第3章　中值定理及利用导数研究函数性态

本章首先介绍微分学中的几个中值定理，它们是利用导数研究函数及其曲线性态的理论基础，然后具体研究一些简单函数的宏观性态，最后介绍利用函数性态求函数极值的数学模型与其他应用问题。

3.1　中值定理

定理 3-1(费马引理)　若函数 $f(x)$ 在 (a,b) 内一点 x_0 取得最大值(或最小值)，且 $f(x)$ 在点 x_0 可微，则 $f'(x_0)=0$.

以上引理在几何上是明显的事实，如图 3-1 所示，曲线在最高点和最低点显然有水平切线，其斜率为 0，原因是在最高点(或最低点)的两侧，切线的倾斜情形相反，这样，当切线沿曲线连续滑动时，就必然经过位于水平位置的那一点。

证　只就 $f(x)$ 在 x_0 达到最大值证明(最小值的情形类似可证)，由于 $f(x)$ 在 x_0 达到最大值，所以只要 $x_0+\Delta x$ 在 (a,b) 内，就有 $f(x_0+\Delta x)\leqslant f(x_0)$，即 $f(x_0+\Delta x)-f(x_0)\leqslant 0$，从而当 $\Delta x>0$ 时，

$$\frac{f(x_0+\Delta x)-f(x_0)}{\Delta x}\leqslant 0$$

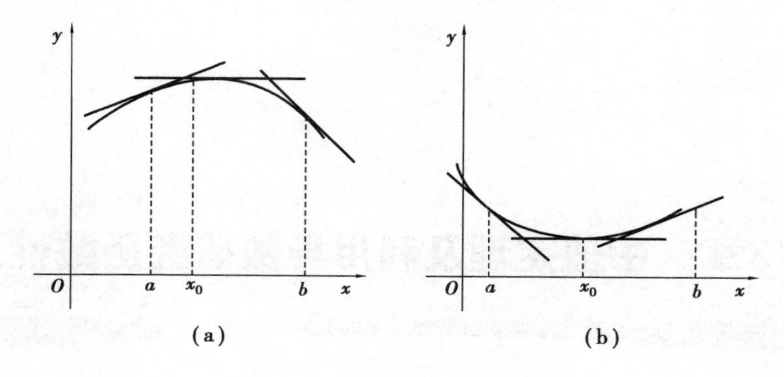

图 3-1

当 $\Delta x<0$ 时,

$$\frac{f(x_0+\Delta x)-f(x_0)}{\Delta x}\geqslant 0$$

这样就有

$$f'_+(x_0)=\lim_{\Delta x\to 0^+}\frac{f(x_0+\Delta x)-f(x_0)}{\Delta x}\leqslant 0$$

及

$$f'_-(x_0)=\lim_{\Delta x\to 0^-}\frac{f(x_0+\Delta x)-f(x_0)}{\Delta x}\geqslant 0$$

由 $f'(x_0)$ 存在的充分必要条件知必有 $f'(x_0)=0$。

定理 3-2(罗尔定理) 如果 $f(x)$ 在闭区间 $[a,b]$ 上连续,在开区间 (a,b) 内可导,且 $f(a)=f(b)$,那么至少有一点 $\xi\in(a,b)$,使 $f'(\xi)=0$.

定理的几何意义是明显的,在处处都有切线(注意,这里指非铅直切线)的曲线弧 $\overset{\frown}{AB}$ 上,A,B 处有相同的纵坐标,如图 3-2 所示,所以连接 A 与 B 得到与曲线相割的水平线段,将此水平线段上、下平移,必定可以找到一个位置使之恰与曲线相切,而且容易看出相切的位置恰好对应曲线的最高点或最低点.

证 因为 $f(x)$ 在 $[a,b]$ 上连续,所以 $f(x)$ 在 $[a,b]$ 上有最大值和最小值,设 $f(\xi_1)=M$(最大值),$f(\xi_2)=m$(最小值),$\xi_1,\xi_2\in[a,b]$,若 $M=m$,则 $f(x)\equiv C$,显然对任何 $\xi\in(a,b)$ 有 $f'(\xi)=0$。

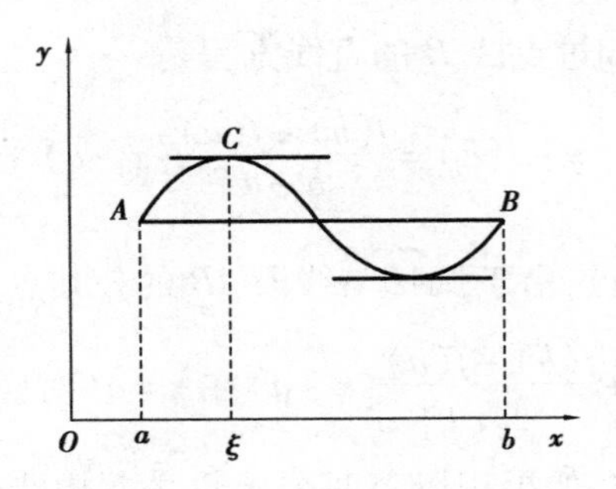

图 3-2

若 $M \neq m$，则 M 与 m 中至少有一值与 $f(a)=f(b)$ 不相等，设 $M \neq f(a)$，则在开区间 (a,b) 内必存在 ξ_1，$f(\xi_1)=M$，这样，由定理 3.1 可知

$$f'(\xi_1)=0$$

当 $m \neq f(a)$ 时，同理可证.

从几何意义出发，可以将定理 3-2 进行推广，如图 3-3 所示的曲线弧 $\overset{\frown}{AB}$ 在 A，B 两点纵坐标并不相等，从而线段 AB 的斜率为 $\dfrac{f(b)-f(a)}{b-a}$，因曲线弧 $\overset{\frown}{AB}$ 上处处存在非铅直的切线，当然可以上下平移这条线段，在 (a,b) 区间内找到一个位置，使之恰与曲线相切. 这就是微分学理论中重要的拉格朗日中值定理.

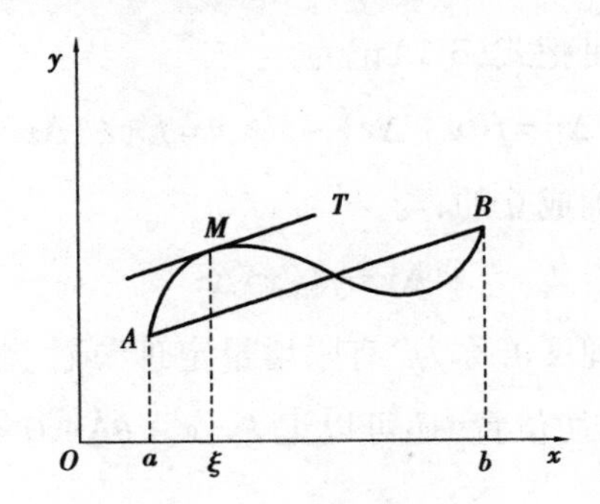

图 3-3

定理 3-3（拉格朗日中值定理）　设 $f(x)$ 在闭区间 $[a,b]$ 上连续，在开区间 (a,b) 内可导，则必有一点 $\xi \in (a,b)$，使

$$f'(\xi)=\frac{f(b)-f(a)}{b-a}$$

分析:由图 3-3 可知过点 A,B 的直线方程是

$$y-f(a)=\frac{f(b)-f(a)}{b-a}(x-a)$$

曲线方程为 $y=f(x)$,由于弧 $\overset{\frown}{AB}$ 与线段 AB 的公共点是 A 点与 B 点,从而函数 $y=f(x)$ 与 $y=f(a)+\frac{f(b)-f(a)}{b-a}(x-a)$ 在 $x=a$(对应 A 点)与 $x=b$(对应 B 点)的函数值相等,这样,如果用以上两个函数之差构造一个新的函数,就可以利用定理 3-2 作出证明.

证 构造辅助函数

$$\Phi(x)=f(x)-f(a)-\frac{f(b)-f(a)}{b-a}(x-a) \tag{3-1}$$

则 $\Phi(a)=\Phi(B)$,且 $\Phi(x)$ 满足罗尔定理的全部条件,所以必有一点 $\xi\in(a,b)$,使

$$\Phi'(\xi)=f'(\xi)-\frac{f(b)-f(a)}{b-a}=0$$

所以定理 3-3 成立.

拉格朗日中值定理还有一些其他表达形式,例如式(3.1)中令 $a=x,b=x+\Delta x$,则 $b-a=\Delta x$,从而可把式(3-1)记为

$$\Delta y=f(x+\Delta x)-f(x)=f'(\xi)\Delta x \tag{3-2}$$

注意式(3-2)是精确成立的,与

$$\Delta y\approx f'(x)\Delta x$$

不同,所以拉格朗日定理又可称为"有限增量定理"或"微分中值定理",但由本定理并不能得到 ξ 的确切位置. 还可以记 $\xi=x+\theta\Delta x,0<\theta<1$. 这样,式(3.2)成为

$$\begin{aligned}\Delta y&=f(x+\Delta x)-f(x)\\&=f'(x+\theta\Delta x)\cdot\Delta x(0<\theta<1)\end{aligned} \tag{3-3}$$

微分中值定理中的条件"函数 $f(x)$ 在闭区间$[a,b]$上连续,在开区间(a,b)内可导"是缺一不可的. 例如图 3-4(a)中的函数,在区间(a,b)内一点 c 处有跳

跃间断点，不满足闭区间连续的条件，导致曲线在(a,b)内任一点的切线不能与线段AB平行；图3-4(b)中的曲线在(a,b)内一点c处不存在切线，也导致曲线在(a,b)内任一点处切线不平行于线段AB，以上两种情形都使定理的结论不成立。

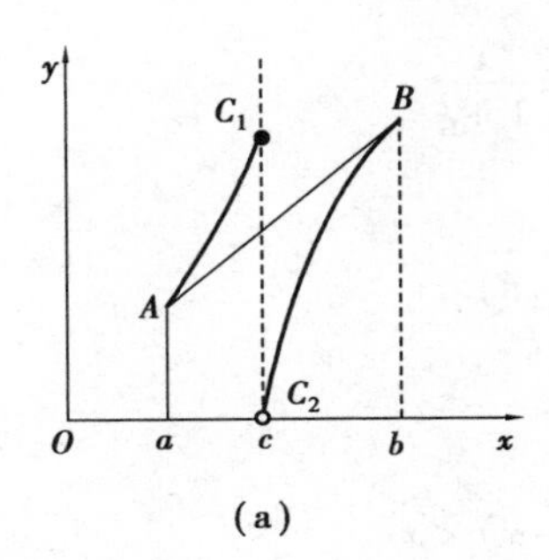

(a)

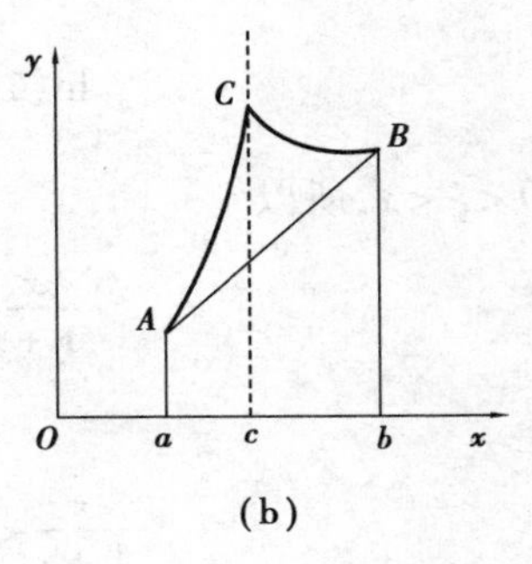

(b)

图3-4

又例如，考查函数$f(x)=x^{\frac{2}{3}}$，该函数在闭区间$[-1,1]$上连续，且$f(1)=f(-1)=1$，但$f'(x)=\frac{2}{3}x^{-\frac{1}{3}}$，在$x=0$不存在，不满足定理3-3的条件，所以不能得出定理3-3的结论，事实上，该函数曲线在区间$(-1,1)$内不存在斜率为0的点。

可以知道，若函数$f(x)=C$(常数)，则对任何x，$f'(x)=0$。这个结论的逆命题也是成立的，这就是下面的定理。

定理3-4　如果在区间I上$f'(x)=0$，则$f(x)=C$.

证　在区间I上任取两点$x_1<x_2$，则容易看出$f(x)$在以x_1,x_2为端点的区间上满足定理3-3的条件，所以必有$\xi\in(x_1,x_2)$，使$f(x_2)-f(x_1)=f'(\xi)(x_2-x_1)$而由定理条件知$f'(\xi)=0$，从而$f(x_2)=f(x_1)$。由$x_1,x_2$的任意性知在$I$上一切不同点处函数值均相等，所以存在常数$C$，使$f(x)=C$.

微分中值定理在数学理论及微积分学的应用中都是很重要的，例如利用微分中值定理可以导出一些重要的不等式。

例3-1　证明当$x>0$时，

$$\frac{x}{1+x}<\ln(1+x)<x$$

证 设$f(x)=\ln(1+x)$，则$f(x)$在$[0,x]$上满足拉格朗日中值定理的条件，所以

$$f(x)-f(0)=f'(\xi)(x-0),0<\xi<x$$

即

$$\ln(1+x)=\frac{x}{1+\xi}$$

因为$0<\xi<x$，所以

$$\frac{x}{1+x}<\frac{x}{1+\xi}<x$$

从而

$$\frac{x}{1+x}<\ln(1+x)<x$$

在定理3-3的证明中，我们构造了一个辅助函数，使定理的证明变得简单，在上述不等式的证明中，实际上也构造了一个辅助函数$f(x)=\ln(1+x)$。通过深入分析命题的条件和结论，构造适当的辅助函数，常常有助于使论证过程变得简单，希望读者注意学习这种方法。

3.2 洛必达法则

3.2.1 未定式$\frac{0}{0}$与$\frac{\infty}{\infty}$

我们在前面已对两个函数$f(x)$与$g(x)$商式的极限进行了研究. 例如函数$y=f(x)$在$x=a$处的导数，就是下面的极限

$$f'(a)=\lim_{x\to a}\frac{f(x)-f(a)}{x-a}$$

我们已经知道，当函数$f(x)$在$x=a$处可导时，$f'(a)$是一个确定的值，但从另一角度看，上述极限式当$x\to a$时分子与分母同时趋于0，类似的情形还有我

们接触过的重要极限

$$\lim_{x\to 0}\frac{\sin x}{x}=1$$

如果当 $x\to a$ 时，$f(x)\to 0$，同时 $g(x)\to 0$，我们称极限 $\lim\limits_{x\to a}\frac{f(x)}{g(x)}$ 为 $\frac{0}{0}$ 型未定式，类似地还有另一类极限，如果当 $x\to a$ 时，$f(x)\to\infty$，同时 $g(x)\to\infty$，我们称极限 $\lim\limits_{x\to a}\frac{f(x)}{g(x)}$ 为 $\frac{\infty}{\infty}$ 型未定式。

本节介绍求 $\frac{0}{0}$ 或 $\frac{\infty}{\infty}$ 型未定式极限的一种简便有效的法则——洛必达（L'Hospital，1661—1704）法则，为此，我们先介绍由法国数学家柯西提出的另一种形式的中值定理.

定理 3-5（柯西中值定理）　设函数 $f(x)$ 与 $g(x)$ 在闭区间 $[a,b]$ 上连续，开区间 (a,b) 内可导，且 $g'(x)$ 在 (a,b) 内恒不为 0，则在 (a,b) 内至少存在一点 ξ，使

$$\frac{f(b)-f(a)}{g(b)-g(a)}=\frac{f'(\xi)}{g'(\xi)}$$

证　首先证明 $g(b)-g(a)\neq 0$，如其不然，则 $g(b)=g(a)$，那么由罗尔定理必有一点 $\xi\in(a,b)$，使 $g'(\xi)=0$，与定理条件矛盾。

下面，与拉格朗日中值定理的证明方法类似，设辅助函数

$$\Phi(x)=[f(b)-f(a)]g(x)-[g(b)-g(a)]f(x)$$

则在闭区间 $[a,b]$ 上，$\Phi(x)$ 连续，在开区间 (a,b) 内，$\Phi(x)$ 可导，且 $\Phi(a)=\Phi(b)$，从而由罗尔定理知必有一点 $\xi\in(a,b)$，使 $\Phi'=0$，即

$$[f(b)-f(a)]g'(\xi)-[g(b)-g(a)]f'(\xi)=0$$

由 $g'(\xi)\neq 0$ 及 $g(b)-g(a)\neq 0$，定理得证。

在柯西中值定理中，若取 $g(x)=x$，则结论成为

$$\frac{f(b)-f(a)}{b-a}=\frac{f'(\xi)}{1}$$

这就是拉格朗日中值定理，所以拉格朗日中值定理可以看成柯西中值定理

的特例。

下面我们利用柯西中值定理导出本节的主要定理——洛必达法则.

定理 3-6 设

(1)当 $x \to a$ 时,函数$\frac{f(x)}{g(x)}$为式$\frac{0}{0}$或$\frac{\infty}{\infty}$型未定式。

(2)$f(x)$与 $g(x)$在点 a 的某邻域内可导(点 a 可以除外)且 $g'(x) \neq 0$。

(3)$\lim\limits_{x \to a}\frac{f'(x)}{g'(x)}$存在或为无穷大,则

$$\lim_{x \to a}\frac{f(x)}{g(x)} = \lim_{x \to a}\frac{f'(x)}{g'(x)}$$

证 我们只就$\frac{0}{0}$型未定式给出证明,设$\lim\limits_{x \to a}\frac{f(x)}{g(x)}$是$\frac{0}{0}$型的未定式,且

$$\lim_{x \to a}\frac{f'(x)}{g'(x)} = L(L\text{ 是某个确定值})$$

为便于说明起见,我们引进两个新的函数,令

$$F(x) = \begin{cases} f(x), x \neq a \\ 0, x = a \end{cases} \text{及 } G(x) = \begin{cases} g(x), x \neq a \\ 0, x = a \end{cases}$$

因为$\lim\limits_{x \to a}F(x) = \lim\limits_{x \to a}f(x) = 0 = F(a)$,所以函数 $F(x)$在 $x = a$ 连续,同理 $G(x)$在 $x = a$ 连续,这样,在 a 的邻域内取一点 x,则由定理条件易知,函数 $F(x)$与 $G(x)$在以 a 与 x 为端点的区间上满足柯西中值定理的条件,所以在 x 与 a 之间至少存在一点 ξ,使

$$\frac{F(x) - F(a)}{G(x) - G(a)} = \frac{F'(\xi)}{G'(\xi)} = \frac{f'(\xi)}{g'(\xi)}$$

由 $F(x)$及 $G(x)$的定义可知,上式就是

$$\frac{f(x)}{g(x)} = \frac{f'(\xi)}{g'(\xi)}$$

且又因为 ξ 总在 x 与 a 之间,所以 $x \to a$ 时,$\xi \to a$,即

$$\lim_{x \to a}\frac{f(x)}{g(x)} = \lim_{x \to a}\frac{f'(x)}{g'(x)} = L$$

对$\frac{\infty}{\infty}$型未定式的情形，证明较繁，略去。

例 3-2　求$\lim\limits_{x\to 0}\frac{\cos x+2x-1}{3x}$.

解　容易验证，上述极限是$\frac{0}{0}$型的，所以由洛必达法则，

$$\lim_{x\to 0}\frac{\cos x+2x-1}{3x}=\lim_{x\to 0}\frac{-\sin x+2}{3}=\frac{2}{3}$$

例 3-3　求$\lim\limits_{x\to 0}\frac{e^x+e^{-x}-2}{1-\cos 2x}$.

解　容易验证，该极限是$\frac{0}{0}$型的，所以

$$\lim_{x\to 0}\frac{e^x+e^{-x}-2}{1-\cos 2x}=\lim_{x\to 0}\frac{e^x-e^{-x}}{2\sin 2x}$$

因为右边的极限仍然是$\frac{0}{0}$型的，所以可以继续使用洛必达法则，这样

$$\lim_{x\to 0}\frac{e^x-e^{-x}}{2\sin 2x}=\lim_{x\to 0}\frac{e^x+e^{-x}}{4\cos 2x}=\frac{1}{2}$$

本例说明，洛必达法则在求极限过程中可以反复使用，但必须注意验证满足$\frac{0}{0}$型或$\frac{\infty}{\infty}$型未定式的条件。

例 3-4　求$\lim\limits_{x\to +\infty}\frac{\ln x}{\sqrt{x}}$.

解　该极限是$\frac{\infty}{\infty}$型的，由洛必达法则有

$$\lim_{x\to +\infty}\frac{\ln x}{\sqrt{x}}=\lim_{x\to +\infty}\frac{\frac{1}{x}}{\frac{1}{2\sqrt{x}}}=\lim_{x\to +\infty}\frac{2}{\sqrt{x}}=0$$

进一步容易看出，对任何实数$n>0$，$\lim\limits_{x\to +\infty}\frac{\ln x}{x^n}$，这说明，当$x\to +\infty$时对数函数$\ln x$趋于$+\infty$的速度比任何幂函数都“慢”。

例 3-5 求 $\lim\limits_{x\to+\infty}\dfrac{e^{3x}}{x^2}$.

解 该极限是$\dfrac{\infty}{\infty}$型的,由洛必达法则有

$$\lim_{x\to+\infty}\frac{e^{3x}}{x^2}=\lim_{x\to+\infty}\frac{3e^{3x}}{2x}=\lim_{x\to+\infty}\frac{9e^{3x}}{2}=+\infty$$

事实上容易验证,对任何 $\lambda,n>0$,

$$\lim_{x\to+\infty}\frac{e^{\lambda x}}{x^n}=+\infty$$

这说明,当 $x\to+\infty$ 时,只要 $\lambda>0$,指数函数 $e^{\lambda x}$ 趋于 $+\infty$ 的速度比任何幂函数都“快”.

3.2.2 其他未定式

例 3-6 求 $\lim\limits_{x\to0^+}x^2\ln x$.

解 该极限当 $x\to0^+$ 时,$x^2\to0$ 而 $\ln x\to-\infty$,所以是 $0\cdot\infty$ 型的,可化为$\dfrac{0}{0}$或$\dfrac{\infty}{\infty}$型:

$$\lim_{x\to0^+}x^2\ln x=\lim_{x\to0^+}\frac{\ln x}{\frac{1}{x^2}}\xlongequal{\frac{\infty}{\infty}}\lim_{x\to0^+}\frac{\frac{1}{x}}{-\frac{2}{x^3}}$$

$$=\lim_{x\to0^+}\frac{x^3}{-2x}=\lim_{x\to0^+}\frac{x^2}{-2}=0$$

对于 $y=f(x)^{g(x)}$ 类型的极限问题,可能出现 0^0,∞^0,1^∞ 或∞-∞ 等形式,这些形式同样是未定式,对于这些类型的未定式,可用下面的方法来求解.

因为

$$\ln y=g(x)\ln[f(x)]$$

这样就可以把 0^0 型或 ∞^0 型的未定式转化为 $0\cdot\infty$ 型,而把 1^∞ 型的未定式转化为 $\infty\cdot0$ 型,进而可以像例 5 那样转化为$\dfrac{0}{0}$型或$\dfrac{\infty}{\infty}$型,再用洛必达法则求出 $\ln y$

的极限，最后求出函数 y 的极限，也就是说，若$\lim\limits_{x\to a}\ln y=L$，则$\lim\limits_{x\to a}y=\lim\limits_{x\to a}e^{\ln y}=e^{L}$，即$\lim\limits_{x\to a}f(x)^{g(x)}=e^{L}$。

例 3-7　求$\lim\limits_{x\to0^+}(1+3x)\cdot\dfrac{1}{2x}$.

解　该极限是 1^{∞} 型的，令 $y(x)=(1+3x)^{\frac{1}{2x}}$，则

$$\ln y(x)=\frac{1}{2x}\ln(1+3x)=\frac{\ln(1+3x)}{2x}$$

所以

$$\lim_{x\to0^+}\ln y=\lim_{x\to0^+}\frac{\ln(1+3x)}{2x}\overset{\frac{0}{0}}{=}\lim_{x\to0^+}\frac{\left(\dfrac{3}{1+3x}\right)}{2}=\frac{3}{2}$$

从而

$$\lim_{x\to0^+}(1+3x)^{\frac{1}{2x}}=\lim_{x\to0^+}y(x)=e^{\frac{3}{2}}$$

例 3-8　求$\lim\limits_{x\to0^+}\left(\dfrac{1}{e^{x}-1}-\dfrac{1}{x}\right)$.

解　该极限是$\infty-\infty$型未定式. 可通过通分化为商的极限来解

$$\lim_{x\to0^+}\left(\frac{1}{e^{x}-1}-\frac{1}{x}\right)=\lim_{x\to0^+}\frac{x-e^{x}+1}{x(e^{x}-1)}$$

$$\overset{\frac{0}{0}}{=\!=}\lim_{x\to0^+}\frac{1-e^{x}}{e^{x}-1+xe^{x}}\overset{\frac{0}{0}}{=\!=}\lim_{x\to0^+}\frac{-e^{x}}{xe^{x}+2e^{x}}$$

$$=\frac{1}{2}$$

3.3　函数的单调区间与极值

从图 3-5 可以看出，对可导函数 $y=f(x)$，取 $\Delta x>0$，若 $f(x)$ 单调增，则 $\Delta y>0$，从而 $f'(x_0)=\lim\limits_{\Delta x\to0}\dfrac{\Delta y}{\Delta x}\geqslant0$；若 $f(x)$ 单调减，则 $\Delta y<0$，从而 $f'(x_0)=$

$\lim\limits_{\Delta x \to 0} \dfrac{\Delta y}{\Delta x} \leqslant 0$。

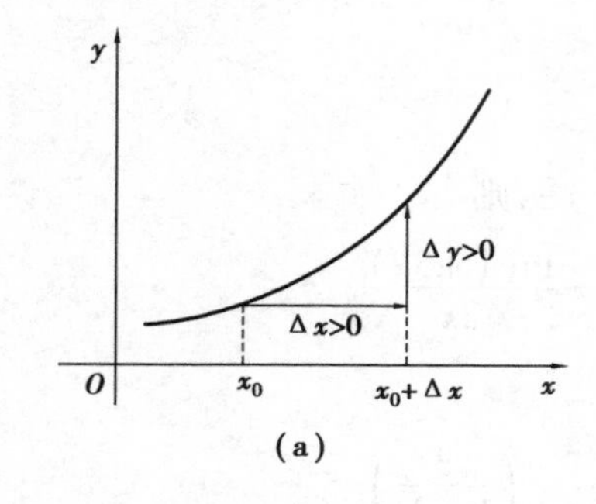

(a)

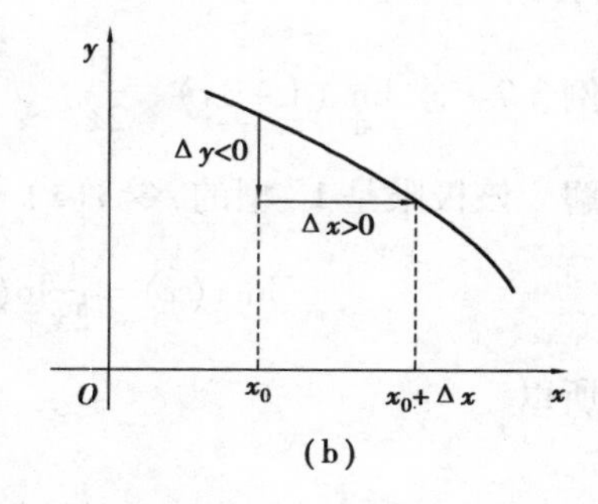

(b)

图 3-5

反过来，若在区间 I 上函数 $y=f(x)$ 的导数 $y'=f'(x)>0$（或 $y'=f'(x)<0$），我们能否判断 $f(x)$ 在该区间上单调增（或单调减）呢？现假定 $f(x)$ 在区间 I 上连续可导且 $f'(x)>0$. 在区间 I 上任取两点 $x_1<x_2$，则由拉格朗日中值定理

$$f(x_2)-f(x_1)=f'(\xi)(x_2-x_1)$$

其中 $\xi \in (x_1,x_2) \in I$，由假定 $f'(\xi)>0$，从而 $f(x_2)-f(x_1)>0$，即 $f(x_1)<f(x_2)$，再由 x_1 与 x_2 的任意性可知，函数 $f(x)$ 在区间 I 上单调增，同理，我们也可由 $f'(x)<0$ 导出 $f(x)$ 在区间 I 上单调减，这样，我们就得到了函数 $f(x)$ 单调性的判定法.

定理 3-7 设函数 $f(x)$ 在闭区间 $[a,b]$ 上连续，在开区间 (a,b) 内可导，则

(1) 对任意的 $x \in (a,b)$，若 $f'(x)>0$，则 $f(x)$ 在 $[a,b]$ 上单调增；

(2) 对任意的 $x \in (a,b)$，若 $f'(x)<0$，则 $f(x)$ 在 $[a,b]$ 上单调减.

事实上，$f'(x)$ 在区间 I 上大于 0，表示曲线 $y=f(x)$ 在区间 I 上每点的斜率大于 0，这时其切线与 x 轴正向夹角总是锐角，所以曲线向右方（x 增大方向）逐渐上升[图 3-6(a)]. 反之，若 $f'(x)$ 在区间 I 上小于 0，表示曲线 $y=f(x)$ 在区间 I 上每点的斜率小于 0，这样其切线与 x 轴正方向形成钝角，因而曲线向右方（x 增大方向）逐渐下降[图 3-6(b)].

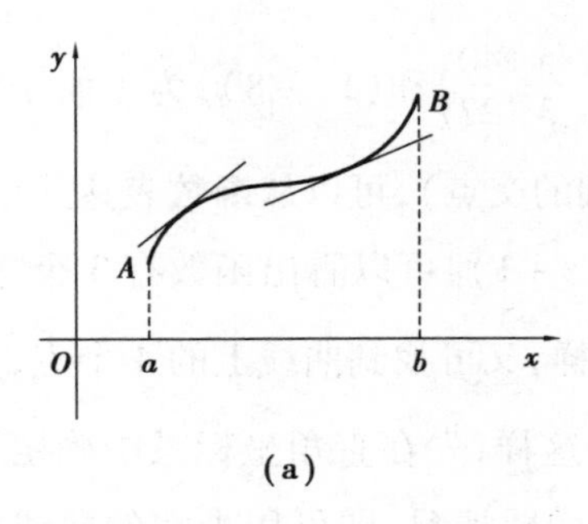

(a)

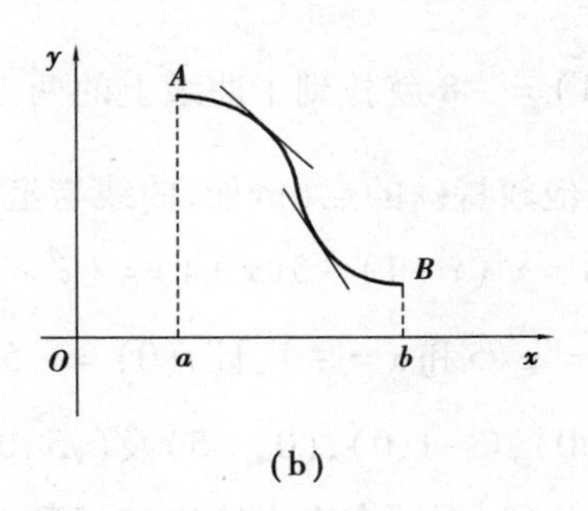

(b)

图 3-6

定理 3-7 的结果也可以推广到无穷区间的情形,也就是说,若在无穷区间 $(-\infty, a)$、$(b, +\infty)$ 或 $(-\infty, +\infty)$ 内 $f'(x)>0$,则函数 $f(x)$ 在 $(-\infty, a)$、$(b, +\infty)$ 或 $(-\infty, +\infty)$ 内单调增,反之,若 $f'(x)<0$,则函数在相应的无穷区间上单调减,另外,如果 $f'(x)$ 在某区间内的有限个点处为零,在其余各点处均为正(或负)时,即有 $f'(x)\geqslant 0$(或 $f'(x)\leqslant 0$),那么 $f(x)$ 在该区间上仍旧是单调增(或单调减)的,例如函数 $y=x^3$,函数导数 $y=3x^2$,显然,除了点 $x=0$ 使 $y'=0$ 外,其余各点处均有 $y'>0$,因此函数 $y=x^3$ 在整个定义域 $(-\infty, +\infty)$ 内是单调增的。

例 3-9　设 $f(x)=x^3+x^2-5x-5$,试求出 $f(x)$ 的单调区间.

解　首先,$f'(x)=3x^2+2x-5=(3x+5)(x-1)$,由于 $f'(x)$ 表示成了两个因子的乘积,所以我们容易根据每个因子的正、负确定 $f'(x)$ 的正、负,这样就可以根据定理 3-7 确定函数的单调区间了,容易看出,$x=-\dfrac{5}{3}$ 与 $x=1$ 是 $f'(x)$ 表达式中因子变号的分界点,所以我们能以这些分界点把 $f(x)$ 的定义域 $(-\infty, +\infty)$ 分为部分区间 $\left(-\infty, \dfrac{5}{3}\right)$,$\left(-\dfrac{5}{3}, 1\right)$,$(1, +\infty)$.

在表 3-1 中,我们用箭头形象地表示了 $f(x)$ 的单调性以及函数的单调增、减区间. 这对了解函数值的变化趋势、描绘函数的图形很有益处. 但为了较准确地描绘出函数的图形,我们还需要确定出曲线上一些点的坐标。首先,由表 3-1 可以看出,$x=-\dfrac{5}{3}$,$x=1$ 对应的两个点是函数单调区间的分界点,而 $f\left(-\dfrac{5}{3}\right)=$

$\frac{40}{27}$, $f(1)=-8$ 就找到了曲线上的两点$\left(-\frac{5}{3},\frac{40}{27}\right)$和$(1,-8)$,为了便于找出曲线上其他较特殊的点(例如,曲线与坐标轴的交点),可以从函数表达式出发,因为$f(x)=x^2(x+1)-5(x+1)=(x^2-5)(x+1)$,可以看出函数有 3 个零点,分别是 $x=\pm\sqrt{5}$和 $x=-1$,且$f(0)=-5$,这样,又可找到曲线上的 4 个点,分别为$(-\sqrt{5},0)$,$(-1,0)$,$(0,-5)$及$(\sqrt{5},0)$。这样,先在直角坐标系中确定上述特殊点的位置,再结合表中给出的函数单调增减情况,即可用光滑的曲线描绘出曲线的图形,如图 3-7 所示.

表 3-1

x	$\left(-\infty,-\frac{5}{3}\right)$	$\frac{5}{3}$	$\left(-\frac{5}{3},1\right)$	1	$(1,+\infty)$
$f(x)$	+	0	−	0	+
$f'(x)$	↗	0	↘	1	↗

由例 8 可以看出,使$f'(x)=0$ 的 x 是函数$f(x)$单调区间的分界点,同时可以看出,这样的 x 也是使$f(x)$局部地取得最大值或最小值的点,所以,例 1 也可以说是对定理 3-1 的验证,我们称使$f'(x)=0$ 为函数$f(x)$的驻点,进一步,对某个开区间(a,b)及点 $x_0\in(a,b)$,若异于 x_0 的一切 $x\in(a,b)$都满足$f(x)<f(x_0)$,则称函数$f(x)$在 x_0 取得极大值$f(x_0)$,反之,若都满足$f(x)>f(x_0)$,则称函数 $y=f(x)$在点 x_0 取得极小值$f(x_0)$,x_0 称为极大值点或极小值点,统称为极值点. 这样,定理 3-1 就可以叙述为:可导函数$f(x)$的极值点一定是驻点,但反过来,可导函数的驻点是否一定是极值点呢? 下面的定理就回答了这个问题。

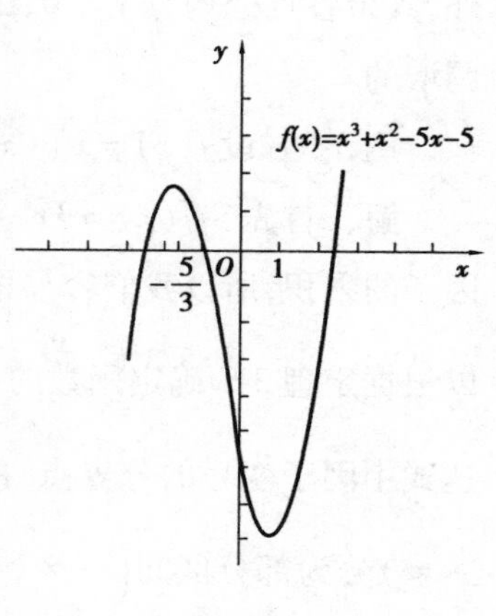

图 3-7

定理 3-8(极值第一充分条件)　设函数 $f(x)$连续,且 $x\neq x_0$ 时可导,而 x_0

是$f(x)$的驻点或不可导点，对于以x_0为中心的邻域(a,b).

①当$a<x<x_0$时$f'(x)>0$，而当$x_0<x<b$时，$f'(x)<0$，则$f(x_0)$是$f(x)$的极大值。

②当$a<x<x_0$时$f'(x)<0$，而当$x_0<x<b$时，$f'(x)>0$，则$f(x_0)$是$f(x)$的极小值。

③当$f'(x)$在(a,b)区间内（点x_0除外）不变号时，则$f(x_0)$不是极值。

证　对于情形①，由定理3-7可知函数$f(x)$在$[a,x_0]$上单调增，而在$[x_0,b]$上单调减，所以$f(x)<f(x_0)$在区间(a,b)内成立，故$f(x_0)$是$f(x)$的极大值，情形②、③类似可证。

由图3-8(a)可以看出，在$f(x)$的极大值点邻近，随着x的增大，曲线的斜率由大于0（x_0左侧）变到等于0[到达点x_0，又变为小于0（在x_0右侧）]，而在$f(x)$的极小值点附近，情形刚好相反，曲线斜率由小于0（在点x_0左侧）变到等于0（在点x_0），又变到大于0（在点x_0右侧）。

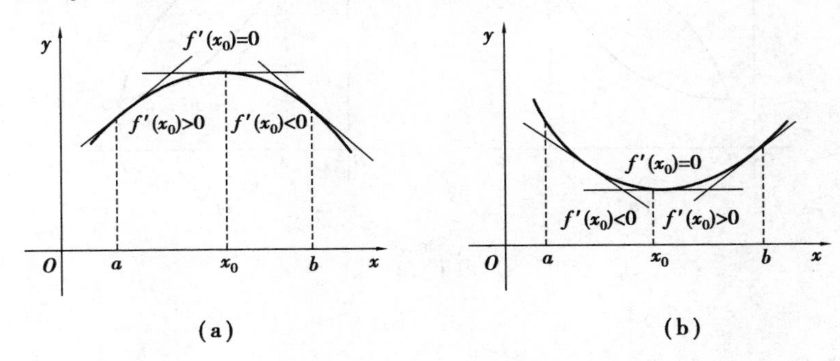

图3-8

例3-10　证明：当$x>0$时，$e^x>1+x$.

证　设$f(x)=e^x-1-x$，则$f'(x)=e^x-1$，当$x>0$时，$f'(x)>0$，这样当$x\geqslant0$时$f(x)$单调增，而$f(0)=0$，所以$x>0$时$f(x)=e^x-1-x>f(0)=0$，即$e^x>1+x$.

3.4 曲线的凹凸性与拐点

观察图 3-9 中的曲线弧,图 3-9(a)中的两条曲线所表示的函数都是单调增函数,而图 3-9(b)中两条曲线所表示的函数都是单调减函数,容易看出,图中的两条曲线弧有明显的不同,从直观上看,图中位于上侧的两条曲线给人们凸的感觉,而位于下侧的两条曲线给人们凹的感觉,因此,我们可以称前者为凸曲线,后者为凹曲线,如图 3-10 所示,$[a,b]$段的曲线是凸曲线,$[b,c]$段的曲线是凹曲线,显然,凸曲线与凹曲线在直观上有很大的不同。

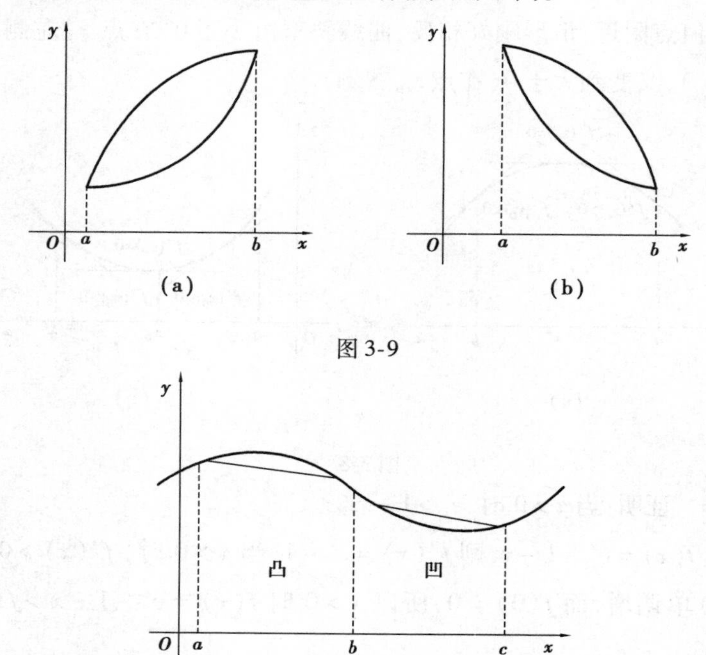

图 3-9

图 3-10

但严格来说,这两种曲线究竟有什么不同呢?容易看出,对于凸曲线,连接曲线上任意两点的弦，总在曲线的下方，而对于凹曲线，连接曲线上任意两点的弦总在曲线的上方，如图 3-10 所示，根据这个意思可以抽象出下面的定义：

定义 3-1 设 $f(x)$ 在开区间 (a,b) 内连续，若对 (a,b) 内任意两点 x_1,x_2，恒有

$$f\left(\frac{x_1+x_2}{2}\right)<\frac{f(x_1)+f(x_2)}{2}$$

则称 $f(x)$ 的图形在 $[a,b]$ 上是凹曲线（凹的），若恒有

$$f\left(\frac{x_1+x_2}{2}\right)>\frac{f(x_1)+f(x_2)}{2}$$

则称 $f(x)$ 的图形在 $[a,b]$ 上是凸曲线（凸的）。

定义实际是在 (x_1,x_2) 内任一段曲线弧上，比较弦与曲线弧中点的纵坐标的大小而确定其凹凸性（图 3-11），这与我们直观的看法是一致的，下面的定理给出了用函数的二阶导数判断曲线凹凸性的简单法则。

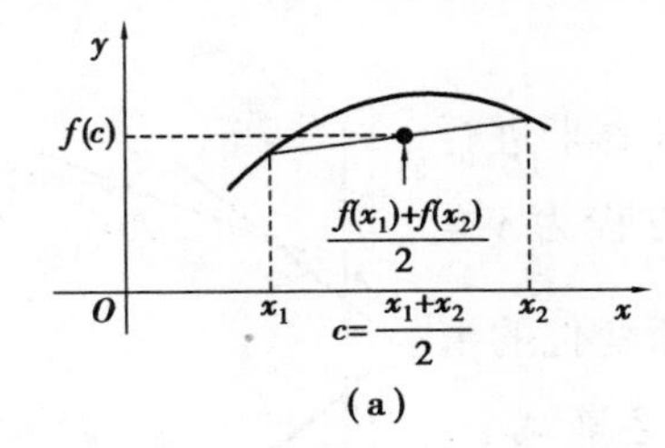

(a)

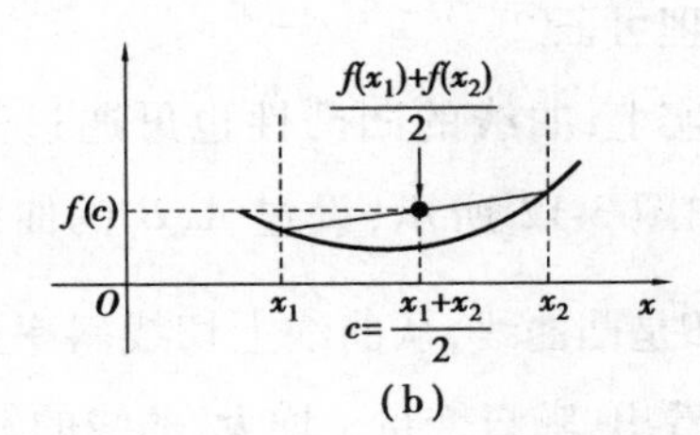

(b)

图 3-11

定理 3-9 设函数 $y=f(x)$ 在闭区间 $[a,b]$ 上连续，在开区间 (a,b) 内二阶可导，则

①若在开区间 (a,b) 内 $f''(x)>0$，则 $y=f(x)$ 的图形在 $[a,b]$ 上是凹曲线。

②若在开区间 (a,b) 内 $f''(x)<0$，则 $y=f(x)$ 的图形在 $[a,b]$ 上是凸曲线。

证 我们先证明①，在 (a,b) 内任取两点 $x_1<x_2$，并记 $c=\dfrac{x_1+x_2}{2}$，在 $[x_1,c]$ 与 $[c,x_2]$ 上对函数 $f(x)$ 分别用拉格朗日中值定理，得

$$f(c)-f(x_1)=f'(\xi_1)(c-x_1),\xi_1\in(x_1,c)$$

$$f(x_2)-f(c)=f'(\xi_2)(x_2-c),\xi_2\in(c,x_2)$$

下式减去上式，并记 $c-x_1=x_2-c=h$，得

$$f(x_2)+f(x_1)-2f(c)=[f'(\xi_2)-f'(\xi_1)]h$$

由凹凸性定义，我们只要证明上式左边大于零就可以了，由于函数 $f(x)$ 在 (a,b) 内二阶可导，所以导函数 $f'(x)$ 在 $[a,b]$ 上满足拉格朗日中值定理条件，在 $[\xi_1,\xi_2]$ 上对导函数 $f'(x)$ 再用拉格朗日中值定理，得

$$f'(\xi_2)-f'(\xi_1)=f''(\xi)(\xi_2-\xi_1),\xi\in(\xi_1,\xi_2)$$

由定理条件知 $f''(\xi)>0$，又 $\xi_2>\xi_1$，$h>0$，所以

$$f(x_2)+f(x_1)-2f(c)=f(x_2)+f(x_1)-2f\left(\frac{x_2+x_1}{2}\right)>0$$

即

$$\frac{f(x_2)+f(x_1)}{2}>f\left(\frac{x_2+x_1}{2}\right)$$

所以曲线是凹的.

同理可证②.

事实上，曲线的凹凸性也可通过其斜率来进行研究，如图 3-12 所示，设过 A、B 的曲线方程为 $y=f(x)$，$\overparen{AB}$是凸曲线，从曲线上切线斜率逐渐变化的情形可以看出，随自变量 x 增大，曲线的斜率逐渐减小，所以 $f'(x)$ 是减函数，这样其导函数 $f''(x)\leqslant 0$，设过 C、D 的曲线方程为 $g(x)$，$\overparen{CD}$是凹曲线，从曲线上切线斜率变化的情形可以看出，随自变量 x 增大，曲线的斜率逐渐增大，从而 $g'(x)$ 是增函数，所以其导函数 $g''(x)\geqslant 0$。

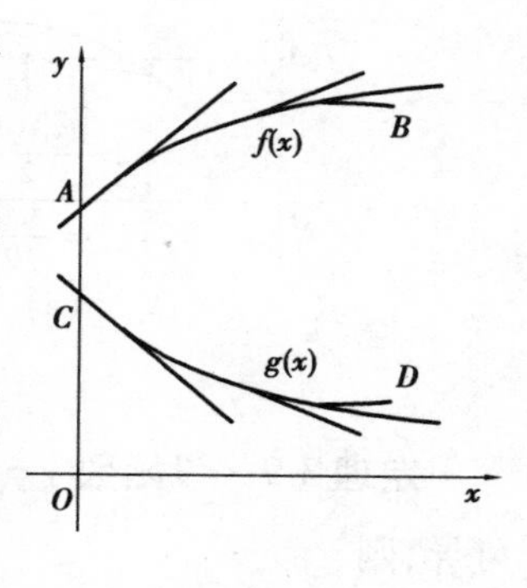

图 3-12

图 3-10 的曲线在 $[a,b]$ 段，曲线弧是凸的；而在 $[b,c]$ 段，曲线弧是凹的，而根据定理 3-9 可以知道，对于二阶可导的函数 $f(x)$，当 $f''(x)<0$ 时，函数图形是凸曲线；当 $f''(x)>0$ 时，函数图形是凹曲线. 这样，在函数 $f(x)$ 的曲线上，存在一个凹、凸区间的分界点，这样的点对于研究函数的性态也是很重要的，所以给

出如下定义：

定义 3-2　设函数$f(x)$在开区间(a,b)内连续，c是(a,b)内一点，若$f(x)$曲线上的点$P(c,f(c))$满足下列条件之一，则称P为曲线上的拐点：

①当$a<x<c$时$f''(x)>0$，而当$c<x<b$时$f''(x)<0$。

②当$a<x<c$时$f''(x)<0$，而当$c<x<b$时$f''(x)>0$。

简单地说，如果在$x=c$的左、右两侧恰好$f''(x)$符号相反，则点$(c,f(c))$是拐点。

图 3-13 直观地描绘出曲线的凹凸区间与拐点，由于在拐点$(c,f(c))$左、右两侧$f''(x)$符号相反，所以当$f''(x)$连续时必有$f''(x)=0$，但根据拐点定义，并未要求在拐点处函数$f(x)$可导，所以拐点也可在函数不可导的点上取得，图 3-13 中$(x^*,f(x^*))$就是这样的一个点。

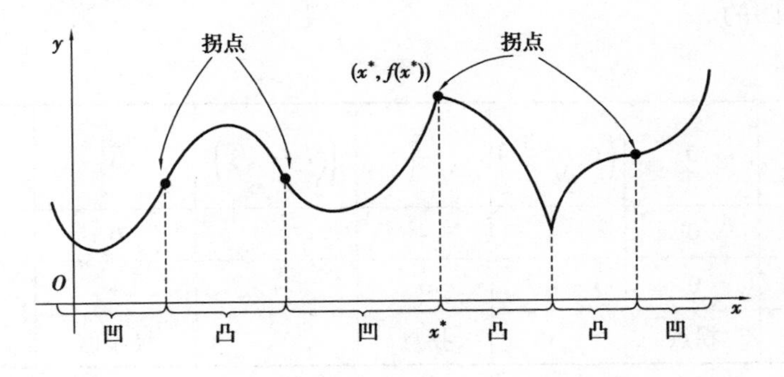

图 3-13

例 3-11　设$f(x)=x^5-5x^3$，求$f(x)$的极值，讨论其凸凹性，求曲线的拐点并描绘函数图形.

解　先求出$f(x)$的一、二阶导数：

$$f'(x)=5x^4-15x^2=5x^2(x^2-3)$$

$$f''(x)=20x^3-30x=10x(2x^2-3)$$

令$f'(x)=0$及$f''(x)=0$，解出$x=0,\pm\sqrt{3},\pm\sqrt{\dfrac{3}{2}}$.

下面根据这些点将$f(x)$的定义域$(-\infty,+\infty)$分成若干区间，列表讨论［请注意$f(x)$是奇函数，所以可以只讨论$x\geqslant 0$时的情形］：

表3-2中,我们根据一阶导数的变号情形,确定出函数有两个极值点:极大值$f(-\sqrt{3})=-9\sqrt{3}+15\sqrt{3}=6\sqrt{3}$,极小值$f(\sqrt{3})=9\sqrt{3}-15\sqrt{3}=-6\sqrt{3}$,有3个拐点,因为

$$f\left(-\sqrt{\frac{3}{2}}\right)=\frac{21\sqrt{6}}{8},\ f(0)=0$$

$$f\left(\sqrt{\frac{3}{2}}\right)=-\frac{21\sqrt{6}}{8}$$

所以拐点坐标为$\left(-\sqrt{\frac{6}{2}},\frac{21\sqrt{6}}{8}\right)$,$(0,0)$及$\left(\sqrt{\frac{6}{2}},-\frac{21\sqrt{6}}{8}\right)$,注意到表中最后一行我们用弯曲的箭头表示出了函数的单调及凹凸性态,其中,记号↗表示曲线弧单调增且是凹的,记号↘表示曲线弧单调减且是凸的,记号↘表示曲线弧单调减且是凹的。

表3-2

x	0	$\left(0,\sqrt{\frac{3}{2}}\right)$	$\sqrt{\frac{3}{2}}$	$\left(\sqrt{\frac{3}{2}},\sqrt{3}\right)$	$\sqrt{3}$	$(\sqrt{3},+\infty)$
$f'(x)$	0	−	−	−	0	+
$f''(x)$	0	−	0	+	+	+
$f(x)$	拐点	↘	拐点	↘	极小值	↗

再令$f(x)=x^5-5x^3=x^3(x^2-5)=0$,解出$f(x)=0$有3个实数根,即$x=0,\pm5$,这样,先绘出适当的直角坐标系,标出上述极值点、拐点及零点,再根据函数的单调性、凹凸性,就容易描绘出函数的图形(图3-14),从结果中我们可以看出其极大值是在凸曲线弧上取得的,而其极小值是在凹曲线弧上取得的,从直观上看是很自然的.这就提出了一个问题,在凸弧上的极值是极大值,而在凹弧上的极值是极

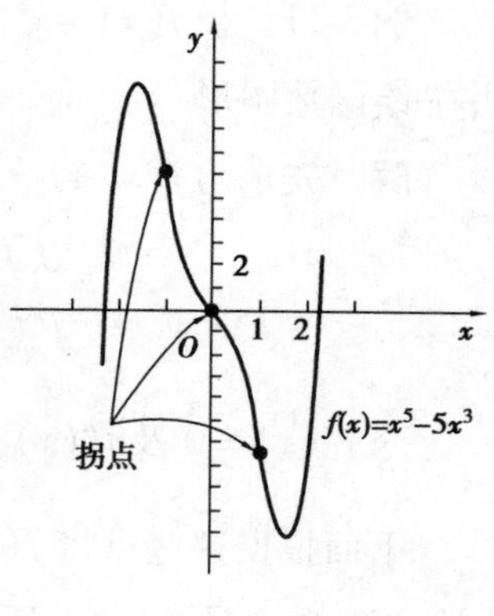

图3-14

小值. 这一结论是否一定对呢? 这就是下面定理要回答的问题.

定理 3-10(极值第二充分条件) 设函数$f(x)$在x_0处二阶可导,且$f'(x_0)=0$, $f''(x_0)\neq 0$,若

①$f''(x_0)<0$,则x_0是$f(x)$的极大值点。

②$f''(x_0)>0$,则x_0是$f(x)$的极小值点。

证 先证①,由于$f''(x_0)<0$,由导数定义有

$$f''(x_0)=\lim_{x\to x_0}\frac{f'(x)-f'(x_0)}{x-x_0}<0$$

注意到$f'(x_0)=0$,并由极限的保号性质可知,存在x_0的一个邻域,当x在此邻域且$x\neq x_0$时,有

$$\frac{f'(x)-f'(x_0)}{x-x_0}=\frac{f'(x)}{x-x_0}<0$$

上式说明在此邻域内且$x\neq x_0$时,$f'(x)$与$x-x_0$符号相反,这样,$x>x_0$时$f'(x)<0$;而$x<x_0$时$f'(x)>0$. 所以由定理3-8可知,x_0是$f(x)$的极大值点,类似可证②.

例 3-12 求函数$f(x)=12+2x^2-x^4$的极值.

解 对$f(x)$求导得

$$f'(x)=4x-4x^3=4x(1-x^2)$$

令$f'(x)=0$,解出其驻点为$x=0,\pm 1$,而

$$f''(x)=4-12x^2=4(1-3x^2)$$

因为$f''(0)=4>0$, $f''(\pm 1)=-8<0$,所以$x=0$是极小值点,函数的极小值为$f(0)=12$,$x=\pm 1$是极大值点,极大值为$f(1)=f(-1)=13$.

3.5 多项式函数、有理函数及函数的终极性态

3.5.1 多项式函数

在初等函数中,由于多项式函数是由幂函数经数乘与求代数和得到的,通过加、减、乘3种运算即可求出函数值,因而它具有其他函数不可比拟的优点,通过本章前几节的讨论可以看出幂函数的导数具有极其简单的形式,这就为研究多项式函数的性质提供了方便,正是由于多项式具有以上这些优点,所以数学上常常用多项式来逼近其他较复杂的函数,以满足科学、经济及工程各领域的需要。

n 次多项式函数的一般形式为

$$y = P(x) = a_0x^n + a_1x^{n-1} + \cdots + a_n$$

其中 $a_0 \neq 0$,n 为正整数,多项式函数的定义域为$(-\infty, +\infty)$,且由于 n 次多项式的 $n+1$ 阶导数恒为零,所以多项式函数都是任意阶可导的,关于多项式函数,有下面的简单结论.

定理3-11 n 次多项式函数有不超过 n 个单调区间,有不超过 $n-1$ 个极值点(包括极大值点和极小值点),有不超过 $n-2$ 个拐点。

证 设 $y=P(x)$是 n 次多项式,则 $y'=P'(x)$是 $n-1$ 次多项式,所以方程 $p'(x)=0$ 至多有 $n-1$ 个不同的实数根,从而 $y=P(x)$至多有 $n-1$ 个驻点,由于多项式函数的极值点必定是驻点,所以 n 次多项式函数的极值点不超过 $n-1$ 个,进而可知,n 次多项式函数的单调区间不超过 n 个,又由于 $y''=P''(x)$是 $n-2$ 次多项式,所以 $P''(x)=0$ 至多有 $n-2$ 个不同的实数根,这样,n 次多项式至多有 $n-2$ 个拐点。

定理3-11有助于根据图形判断多项式函数的次数,图3-15给出了一些典型多项式的图形。

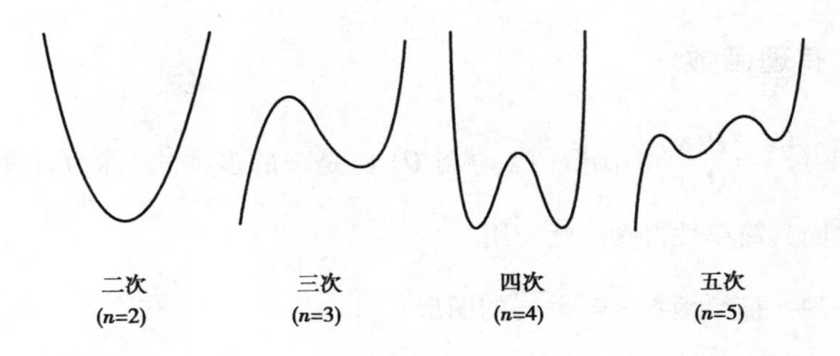

图 3-15

例 3-13　求出某多项式函数的可能表达式，使它分别具有如图 3-16(a)、(b)所示的图形.

解　由图 3-16(a)中图形的对称性可知该多项式应为奇函数，且有两个极值点，一个拐点，因而估计其应为 3 次多项式，且有 3 个零点 $x=0, x=\pm 2$，所以容易设想 $y=x(x^2-4)=x^3-4x$ 是一种可能的表达式.

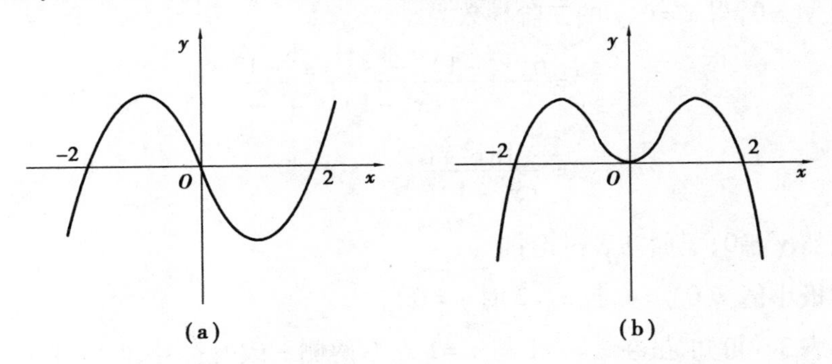

图 3-16

由图 3-16(b)中图形的对称性可知该多项式应为偶函数，有 $x=\pm 2$ 及 $x=0$ 3 个零点，且有 2 个拐点，3 个极值点，所以估计其应为四次多项式，且 $|x|$ 充分大后 $y<0$，所以

$$y=-x^2(x^2-4)=-x^4+4x^2$$

是一种可能的表达式.

注　两种解答式右边都乘正因子 k，也是相应图形的可能表达式.

3.5.2 有理函数

形如$f(x)=\dfrac{P(x)}{Q(x)}$的函数[$P(x)$与$Q(x)$是x的多项式]称为有理函数,有理函数也因其简单性得到广泛应用.

例 3-14 描绘函数$y=\dfrac{x^2-4}{x^2-1}$的图形.

解 所给函数是有理函数,易见$x=\pm1$是该函数的无穷间断点,因而其图形有铅直渐近线$x=\pm1$. 另外,该函数为偶函数,故其图形对称于y轴,对x求导:

$$y'=\frac{(x^2-1)\times 2x-(x^2-4)\times 2x}{(x^2-1)^2}$$

$$=\frac{6x}{(x^2-1)^2}$$

令$y'=0$,得$x=0$,y的二阶导数为

$$y''=\frac{6(x^2-1)^2-24x^2(x^2-1)}{(x^2-1)^4}$$

$$=\frac{-18x^2+6}{(x^2-1)^3}$$

显然$y''\neq0$,下面列表讨论:

易求出极小值$y(0)=4$,且$x=2$时$y=0$.

由表 3-3 可知,虽在$x=-1$与$x=1$左右两侧y''改变符号,但因在$x=\pm1$处函数无定义,故曲线不存在拐点. 值得注意的是,因为$\lim\limits_{x\to\infty}f(x)=1$,所以$y=1$是函数图形的水平渐近线,根据以上讨论结果,可描绘出曲线图形如图 3-17 所示.

表 3-3

x	$(-\infty,-1)$	-1	$(-1,0)$	0	$(0,1)$	1	$(1,+\infty)$
y'	$-$	×	$-$	0	$+$	×	$+$
y''	$-$	×	$+$	$+$	$+$	×	$-$
y	↘	×	↘	极小值	↗	×	↗

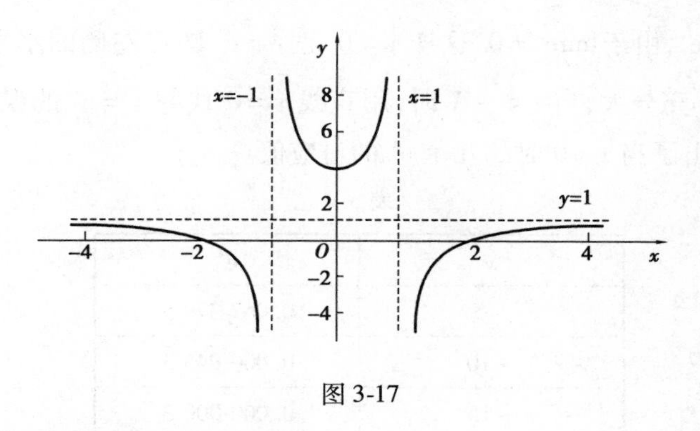

图 3-17

3.5.3　函数的终极性态

1）具有水平渐近线的函数

函数在 $x\to\pm\infty$ 时的性态称为其终极性态。

当函数曲线具有水平渐近线时，其终极性态变得特别简单．这是因为，若

$$\lim_{x\to\infty}f(x)=A$$

则根据极限定义，对任意给定的 $\varepsilon>0$，存在 $X>0$，当 $x>X$ 时，有 $|f(x)-A|<\varepsilon$ 成立，这就是说，当 $x>X$ 时，函数图形夹在 $y=A+\varepsilon$ 与 $y=A-\varepsilon$ 两条平行线之间（图 3-18），由于 ε 是任意小的正数，因而当 x 的绝对值充分大之后，函数图形与直线 $y=A$ 相差无几，这种情况下，用直线 $y=A$ 代替曲线图形不会带来很大误差。

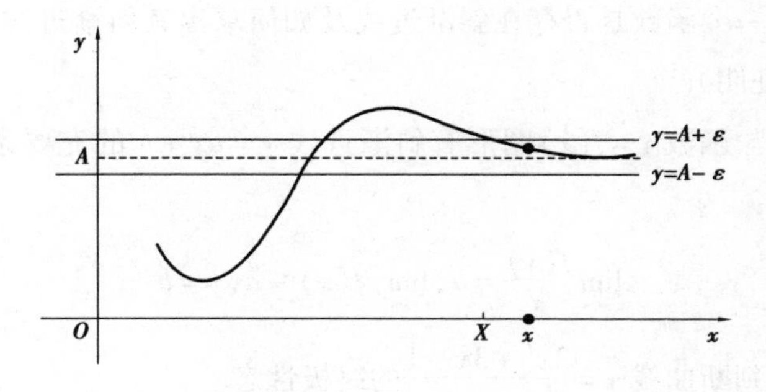

图 3-18

例如 $y=e^x$,由于$\lim\limits_{x\to\infty}e^x=0$,这样 $y=0$ 是 $y=e^x$ 图形左侧的水平渐近线,所以,只要 $X>0$ 充分大,当 $x<-X$ 时,用直线 $y=0$ 代替 $y=e^x$ 的误差可以足够小,表 3-4 列出了当 $x<0$ 时的几个 e^x 的对应值。

表 3-4

x	e^x
−5	0.067 379 5
−10	0.000 045 3
−15	0.000 000 3

有理函数具有水平渐近线的条件特别简单。

定理 3-12 有理函数有水平渐近线的充分必要条件是其分子多项式次数不超过分母多项式的次数,而且还容易证明,有理函数若有水平渐近线,就必然是双侧的(为什么?)

2)具有斜渐近线的函数

定义 3-3 若$\lim\limits_{x\to\infty}[f(x)-(ax+b)]=0$,则称直线 $y=ax+b$ 是函数 $y=f(x)$ 图形在 $x\to+\infty$ 时的斜渐近线。

对 $x\to-\infty$ 及 $x\to\infty$ 的情形的定义,只需将定义 3-3 中的 $x\to+\infty$ 改变为相应的情形即可.

如何判断一个函数是否存在斜渐近线及如何求出其斜渐近线,有如下简单的法则(不加证明).

定理 3-13 函数 $y=f(x)$ 图形有斜渐近线 $y=ax+b$ 的充要条件是下列两极限同时存在:

$$\lim_{x\to\infty}\frac{f(x)}{x}=a,\lim_{x\to\infty}[f(x)-ax]=b$$

例 3-15 判断曲线 $y=\dfrac{2x^2+3x-1}{x}$的终极性态.

解 由于$\lim\limits_{x\to\infty}\dfrac{y}{x}=\lim\limits_{x\to\infty}\dfrac{2x^2+3x-1}{x^2}=2$,而

$$\lim_{x\to\infty}[f(x)-2x]=\lim_{x\to\infty}\left(\frac{2x^2+3x-1}{x}-2x\right)$$
$$=\lim_{x\to\infty}\frac{3x-1}{x}=3$$

所以直线 $y=2x+3$ 是曲线$\frac{2x^2+3x-1}{x}$渐近线.

3)多项式函数的终极性态

对于 n 次多项式函数

$$y=a_0x^n+a_1x^{n-1}+\cdots+a_n(a_0\neq 0)$$

当$|x|$充分大时,其性态仅取决于最高项 a_0x_n,也就是说,当$|x|$充分大后 $y=a_0x^n+a_1x^{n-1}+\cdots+a_n$ 与 $y=a_0x^n$ 的图形相差无几,事实上,我们在研究函数极限时已经证明,当 $P_n(x)$ 与 $P_m(x)$ 分别是 n 次与 m 次多项式时有

$$\lim_{x\to\infty}P_n(x)=\infty,\lim_{x\to\infty}P_m(x)=\infty$$

但 $m>n$ 时,

$$\lim_{x\to\infty}\frac{P_n(x)}{P_m(x)}=0$$

这说明次数较高的多项式比次数较低的多项式趋于无穷大的“速度”快,或者说,当$|x|$充分大后,次数较低的多项式与次数较高的多项式相比,其值可以忽略不计,这时可以说次数较高的多项式占有支配地位。

例 3-16　对 $-4\leqslant x\leqslant 4$ 和 $-20\leqslant x\leqslant 20$,描绘 $y=x^4$ 与 $y=x^4-15x^2-15x$ 的图形,注意对第一个区间,y 的值域为 $0\leqslant y\leqslant 256$;对第二个区间,$y$ 的值域为 $0\leqslant y\leqslant 153\ 700$,有何发现?

解　按照所给定义域、值域适当压缩纵轴上的尺度后,可描绘出对应两区间的曲线图形(图 3-19),由图 3-19 可看出,对 $-4\leqslant x\leqslant 4$,$y=x^4$ 与 $y=x^4-15x^2-15x$ 的图形有明显不同,而对 $-20\leqslant x\leqslant 20$,看不出二者的区别,原因在于两函数的最高次项都是 x^4,而当$|x|$充分大后,x^4 在 $y=x^4-15x^2-15x$ 中占有支配地位。

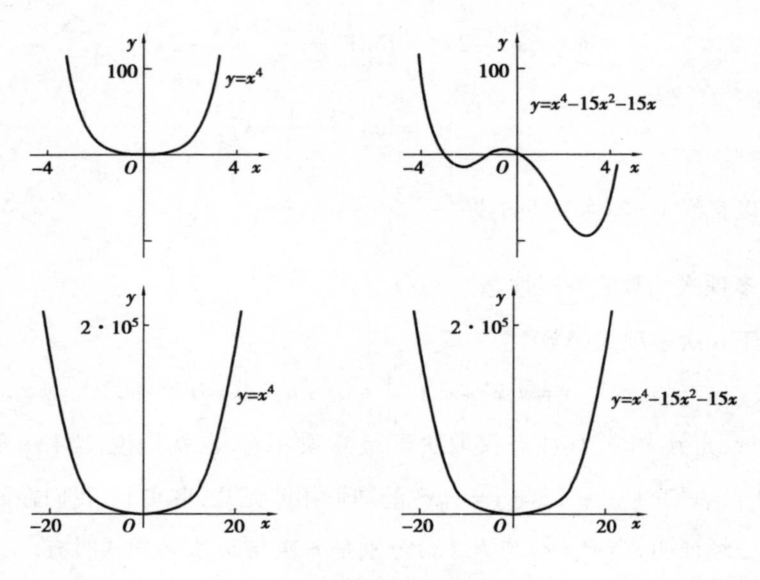

图 3-19

4)指数函数与幂函数的比较

对任何 $\lambda,n>0,\lim\limits_{x\to\infty}\dfrac{e^{\lambda x}}{x^n}=+\infty$,由于 $a^x=e^{x\ln a}$,所以与幂函数比较,当 $x>0$ 充分大之后,只要 $a>1$,指数函数 a^x 就将占有支配地位,也就是说,只要 $x>0$ 充分大,a^x 与 x^n 比较,x^n 是可以忽略的,图 3-20 给出的是二者比较的一个情形(注意,这一比较不适用于 $|x|$ 较小的情形!)。

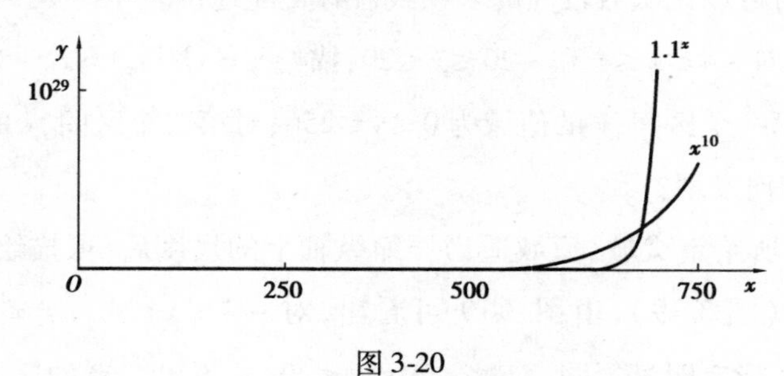

图 3-20

第4章　积　分

4.1　不定积分的计算

我们可以利用基本积分表和不定积分的线性性质直接计算一些函数的不定积分,但是这种直接积分法所能计算的不定积分是非常有限的,因此,有必要进一步来学习不定积分的求法,本节将介绍不定积分的两种求解方法:换元积分法和分部积分法.

4.1.1　换元积分法

换元积分法的基本思想是对被积表达式进行变量代换,亦即换元,使换元后的积分更容易计算. 由于换元的方式不同,又分为第一类换元法和第二类换元法.

1)第一类换元法

利用基本积分表和不定积分的性质可以计算一些不定积分,但是许多很普通的积分却难以直接计算. 例如

$$\int \cos 3x\mathrm{d}x$$

就无法直接求出,因为 $\sin 3x$ 并不是 $\cos 3x$ 的原函数. 为了处理这一类积分,下面介绍一种最基本、最常用的积分方法——凑微分法. 首先我们根据微分形式的不变性,推出不定积分的一个重要特性——积分形式的不变性.

定理 4-1 如果 $\int f(x)\mathrm{d}x = F(x) + C$,则

$$\int f(u)\mathrm{d}x = F(u) + C$$

其中 $u = \phi(x)$ 是 x 的任一可微函数.

证 由于 $\int f(x)\mathrm{d}x = F(x) + C$,因此 $F'(x) = f(x)$ 或 $\mathrm{d}F(x) = f(x)\mathrm{d}x$,而 $u = \phi(x)$ 是 x 的可微函数,根据微分形式的不变性,有

$$\mathrm{d}F(u) = f(u)\mathrm{d}u$$

由此可得

$$\int f(u)\mathrm{d}u = \int \mathrm{d}F(u) = F(u) + C$$

这个定理说明,不论积分变量是自变量还是中间变量,不定积分形式总是不变的,所以,在基本积分公式中,把 x 换为中间变量 u 仍然是正确的,即原来对变量 x 的积分,可通过变量代换 $M = \Psi(x)$ 变成对变量 u 的积分,这就是第一类换元法. 例如,因为

$$\int \mathrm{e}^x\mathrm{d}x = \mathrm{e}^x + C$$

所以

$$\int \mathrm{e}^{x^2}\mathrm{d}(x^2) = \mathrm{e}^{x^2} + C(u = x^2)$$

$$\int \mathrm{e}^{\sin x}\mathrm{d}(\sin x) = \mathrm{e}^{\sin x} + C(u = \sin x)$$

一般地,可得 $\int \mathrm{e}^u\mathrm{d}u = \mathrm{e}^u + C$,其中 $u = \phi(x)$ 是 x 的可微函数,这样就使基本积分公式的应用范围更加广泛了.

例 4-1 求$\int \sqrt{1+2x}\mathrm{d}(1+2x)$.

解 因为$\int \sqrt{u}\mathrm{d}u = \int u^{\frac{1}{2}}\mathrm{d}u = \frac{2}{3}u^{\frac{3}{2}} + C$,所以令 $u = 1 + 2x$,就有

$$\int \sqrt{1+2x}\mathrm{d}(1+2x) = \frac{2}{3}(1+2x)^{\frac{3}{2}} + C$$

例 4-2 求$\int \frac{\mathrm{d}(3x+1)}{1+(3x+1)^2}$.

解 因为$\int \frac{\mathrm{d}u}{1+u^2} = \arctan u + C$,所以

$$\int \frac{\mathrm{d}(3x+1)}{1+(3x+1)^2} = \arctan(3x+1) + C$$

以上两例表明当被积表达式为$f(u)\mathrm{d}u$时,可以直接利用积分形式的不变性. 但更多的情况下,像$f(u)\mathrm{d}u$这样的微分形式需要我们去“凑”.

例 4-3 求$\int \cos 3x\mathrm{d}x$.

解 上式中若把 $\mathrm{d}x$ 换为 $\mathrm{d}(3x)$ 就可以了,而由微分的性质有

$$\mathrm{d}x = \mathrm{d}\,\frac{3x}{3} = \frac{1}{3}\mathrm{d}(3x)$$

所以

$$\int \cos 3x\mathrm{d}x = \int \frac{1}{3}\cos 3x\mathrm{d}(3x) = \frac{1}{3}\sin 3x + C$$

例 4-4 求$\int \frac{\mathrm{d}x}{x\ln x}$.

解 $\int \frac{\mathrm{d}x}{x\ln x} = \int \frac{\mathrm{d}(\ln x)}{\ln x} = \ln|\ln x| + C$

以上例子使我们体会到第一类换元法在求不定积分的过程中所起的作用,但如何适当地选择变量代换 $u=\phi(x)$ 没有一般途径可循,因此要掌握第一类换元法,除了熟悉一些典型的例子外,还需要做较多的练习.

2)第二类换元法

在第一类换元法中通过变量代换 $u = \phi(x)$, 及 $\mathrm{d}u = \phi'(x)\mathrm{d}x$ 将积分

$\int f[\phi(x)]\phi'(x)\mathrm{d}x$ 化成$\int f(u)\mathrm{d}u$,只要找到 $f(u)$ 的原函数,就可计算出积分 $f[\phi'(x)]\phi'(x)\mathrm{d}x$. 反之,常常会遇到这种情形,通过变量代换 $x=\psi(t)$ 将积分 $\int f(x)\mathrm{d}x$ 化成$\int f[\psi(t)]\psi'(t)\mathrm{d}t$,即

$$\int f(x)\mathrm{d}x = \int f[\psi(t)]\psi'(t)\mathrm{d}t$$

如果容易找到 $f[\psi(t)]\psi'(t)$ 的原函数,且 $x=\psi(t)$ 有反函数 $t=\psi-\psi^{-1}(x)$,那么代回原函数即可求出积分$\int f(x)\mathrm{d}x$,这是一种"反过来"凑微分的方法. 为保证 $x=\psi(t)$ 的反函数存在且单值,我们假定函数 $x=\psi(t)$ 在 t 的某一个区间(这一区间和 x 的积分区间相对应)上是单调、可导的,并且 $\psi'(t)\neq 0$,于是有下面的定理.

定理 4-2 如果 $x=\psi(t)$是单调、可导的函数,且 $\psi'(t)\neq 0$,而 $f[\psi(t)]\psi'(t)$ 有原函数,那么有换元公式

$$\int f(x)\mathrm{d}x = \int f[\psi(t)]\psi'(t)\mathrm{d}t$$

其中 $t=\psi^{-1}(x)$是 $x=\psi(t)$的反函数.

证 设$f[\psi(t)]\psi'(t)$的原函数为 $\Phi(t)$,令 $F(x)=\Phi[\psi^{-1}(x)]$,利用复合函数的求导法则及反函数的导数公式,得

$$F'(x)=\mathrm{d}\Phi\mathrm{d}t\cdot\mathrm{d}t\mathrm{d}x=f[\psi(t)]\psi'(t)\cdot\frac{1}{\psi'(t)}=f[\psi(t)]=f(x)$$

即 $F(x)$是$f(x)$的原函数,从而得到

$$\int f(x)\mathrm{d}x = F(x)+C = \Phi[\psi^{-1}(x)]+C$$

$$= \int f[\psi(t)]\psi'(t)\mathrm{d}t$$

利用定理 4-2 的换元积分法称为第二类换元积分法.

例 4-5 求$\int\sqrt{a^2-x^2}\mathrm{d}x\ (a>0)$.

解 利用三角函数公式 $\sin^2 t+\cos^2 t=1$ 可把被积函数中的根号消去. 设

$x = a\sin t\left(\frac{\pi}{2} < t < \frac{\pi}{2}\right)$，则它的导数$\frac{dx}{dt} = a\cos t$在$-\frac{\pi}{2} < t < \frac{\pi}{2}$时连续且不为零，满足定理4-2的条件. 把$x = a\sin t$，$dx = a\cos t dt$代入原积分式得到：

$$\begin{aligned}\int\sqrt{a^2 - x^2}\,dx &= \int\sqrt{a^2 - a\sin^2 t}\cdot a\cos t dt\\ &= \int a\cos t\cdot a\cos t dt = a^2\int\frac{1+\cos 2t}{2}dt\\ &= a^2\int\frac{1+\cos 2t}{2}dt\\ &= \frac{a^2}{2}\left[\int 1dt + \int\cos 2t dt\right]\\ &= \frac{a^2 t}{2} + \frac{a^2\sin 2t}{4} + C\end{aligned}$$

$$\begin{aligned}\sin 2t &= 2\sin t\cos t\\ &= 2\frac{x}{a}\cdot\frac{\sqrt{a^2 - x^2}}{a} = \frac{2x\sqrt{a^2 - x^2}}{a^2}\end{aligned}$$

$$\int\sqrt{a^2 - x^2}\,dx = \frac{a}{2}\arcsin\frac{x}{a} + \frac{x\sqrt{a^2 - x^2}}{2} + C$$

由于

$$x = a\sin t, t = \arcsin\frac{x}{a}$$

$$\sin^2 t = 2\sin t\cos = 2\frac{x}{a}\sqrt{1-\left(\frac{x}{a}\right)^2} = \frac{2x\sqrt{a^2 - x^2}}{a^2}$$

于是

$$\int\sqrt{a^2 - x^2}\,dx = \frac{a^2}{2}\arcsin\frac{x}{a} + \frac{1}{2}x\sqrt{a^2 - x^2} + C$$

这里为计算方便，也可以根据$\sin t = \frac{x}{a}$辅助直角三角形(图4-1)来确定$\cos t = \frac{\sqrt{a^2 - x^2}}{a}$.

例 4-6 求$\int \frac{\mathrm{d}x}{\sqrt{a^2+x^2}}(a>0)$.

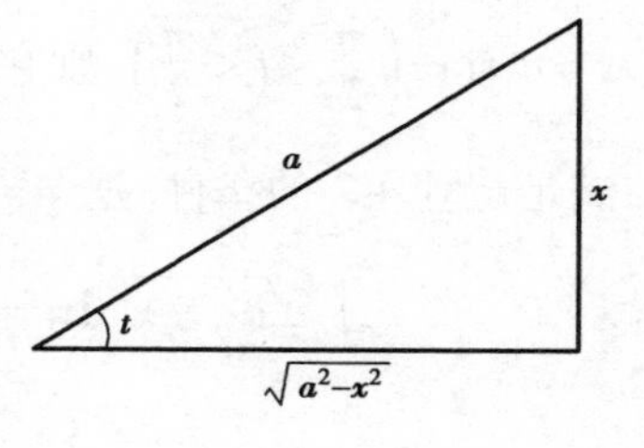

图 4-1

解 利用三角函数公式 $1+\tan^2 t=\sec^2 t$ 化去根式,设 $x=a\tan t\left(-\frac{\pi}{2}<t<\frac{\pi}{2}\right)$,则 $\mathrm{d}x=a\sec^2 t\mathrm{d}t$ 代入原积分,得到

$$\int \frac{\mathrm{d}x}{\sqrt{a^2+x^2}}$$

$$=\int \frac{1}{\sqrt{a^2+a^2\tan^2 t}}a\sec^2 t\mathrm{d}t$$

$$=\int \frac{1}{a\sec t}a\sec^2 t\mathrm{d}t$$

$$=\int \sec t\mathrm{d}t=\int \csc\left(t+\frac{\pi}{2}\right)\mathrm{d}\left(t+\frac{\pi}{2}\right)$$

$$=\ln\left|\csc\left(t+\frac{\pi}{2}\right)-\cot\left(t+\frac{\pi}{2}\right)\right|+C$$

$$=\ln|\sec t+\tan t|+C$$

根据 $\tan t=\frac{x}{a}$,作辅助直角三角形(图 4-2),得

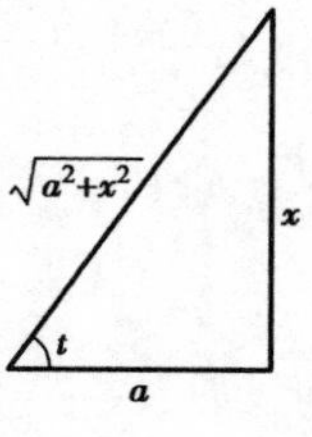

$$\sec t=\frac{\sqrt{a^2+x^2}}{a}$$

从而

$$\int \frac{\mathrm{d}x}{\sqrt{a^2+x^2}}=\ln\left(\frac{\sqrt{a^2+x^2}}{a}+\frac{x}{a}\right)+C$$

$$=\ln(x+\sqrt{a^2+x^2})+C_1$$

图 4-2

其中 $C_1=C-\ln a$.

类似地,令 $x=a\sec t\left(0<t<\frac{\pi}{2}\right)$,可得到

$$\int \frac{\mathrm{d}x}{\sqrt{a^2+x^2}}\mathrm{d}x=\ln|x+\sqrt{x^2-a^2}|+C$$

一般地,当被积函数含有根式:$\sqrt{a^2-x^2}$、$\sqrt{x^2+a^2}$、$\sqrt{x^2-a^2}$时,可利用三角函数恒等式换元消除被积函数中的根号,使被积表达式简化,即当被积函数含有

①$\sqrt{a^2-x^2}$时,可令$x=a\sin t\left(-\dfrac{\pi}{2}<t<\dfrac{\pi}{2}\right)$;

②$\sqrt{x^2+a^2}$时,可令$x=a\tan t\left(-\dfrac{\pi}{2}<t<\dfrac{\pi}{2}\right)$;

③$\sqrt{x^2-a^2}$时,可令$x=a\sec t\left(0<t<\dfrac{\pi}{2}\right)$.

当被积函数含有$\sqrt{x^2\pm a^2}$时,还可利用双曲函数公式$\mathrm{ch}^2t-\mathrm{sh}^2t=1$来消除根号. 例如,在例 6 中,设$x=a\,\mathrm{sh}\,t$,则有$\mathrm{d}x=a\,\mathrm{ch}\,t\mathrm{d}t$,代入原积分得到

$$\int\frac{\mathrm{d}x}{\sqrt{x^2+a^2}}=\int\frac{a\,\mathrm{ch}\,t\mathrm{d}t}{\sqrt{a^2\mathrm{sh}^2t+a^2}}$$

$$=\int\frac{a\,\mathrm{ch}\,t\mathrm{d}t}{a\,\mathrm{ch}\,t}=\int\mathrm{d}t=t+C=\mathrm{arsh}\,\frac{x}{a}+C$$

$$=\ln\left|\frac{x}{a}+\sqrt{\left(\frac{x}{a}\right)^2+1}\right|+C\ln(x+\sqrt{x^2-a^2}+C_1)$$

其中$C_1=C-\ln a$.

最后介绍一种所谓倒代换的变量代换法.

例 4-7 求$\displaystyle\int\frac{\mathrm{d}x}{x^2\sqrt{1+x^2}}$.

解 设$x=\dfrac{1}{t}$,则$\mathrm{d}x=\dfrac{1}{t}\mathrm{d}t$,代入原积分,得

$$\int\frac{\mathrm{d}x}{x^2\sqrt{1+x^2}}=\int\frac{t^2}{\sqrt{1+\frac{1}{t^2}}}\left(-\frac{1}{t^2}\right)\mathrm{d}t=-\int\frac{|t|}{\sqrt{t^2+1}}\mathrm{d}t$$

当$x>0$时,$t>0$,于是

$$\int\frac{\mathrm{d}x}{x^2\sqrt{1+x^2}}=-\frac{1}{2}\int\frac{1}{\sqrt{t^2+1}}\mathrm{d}(t^2+1)$$

$$= -\frac{1}{\sqrt{t^2+1}} + C = -\frac{\sqrt{1+x^2}}{x} + C$$

当 $x<0$ 时,亦有相同的结果.

在前面的例题中,有几个积分结果可当作公式使用,这样,常用的积分公式,除了基本积分表之外,需添加下面 3 个:

(1) $\int \sec x \mathrm{d}x = \ln|\sec x + \tan x| + C$

(2) $\int \csc x \mathrm{d}x = \ln|\csc x - \cot x| + C$

(3) $\int \frac{\mathrm{d}x}{\sqrt{x^2 \pm a^2}} = \ln|x + \sqrt{x^2 \pm a^2}| + C$

4.1.2 分部积分法

分部积分法适用于被积函数是两个不同类型函数乘积的形式. 设函数 $u=u(x)$ 与 $v=v(x)$ 都有连续的一阶导数,由函数乘积的导数公式有

$$(uv)' = u'v + uv'$$

即

$$uv' = (uv)' - u'v$$

对这个等式两边求不定积分,得到

$$\int uv'\mathrm{d}x = uv - \int u'v\mathrm{d}x \text{ 或} \int u\mathrm{d}v = uv - \int v\mathrm{d}u \tag{4-1}$$

式(4-9)称为不定积分的分部积分公式. 当积分 $\int uv'\mathrm{d}x = \int u\mathrm{d}v$ 不易求出,而 $\int u'v\mathrm{d}x = \int v\mathrm{d}u$ 却容易求出时,利用此公式便可求出原积分 $\int uv'\mathrm{d}x$. 由于使用分部积分法求积分 $\int f(x)\mathrm{d}x$ 时,把积分表达式 $f(x)\mathrm{d}x$ 分为两部分,一部分作为公式中的 u,另一部分作为公式中的 $v'\mathrm{d}x = \mathrm{d}v$,因此分部积分法的关键在于要适当选择这两部分. 下面我们通过例题来说明如何选择 u 与 $\mathrm{d}v$.

例 4-8 求 $\int x\mathrm{e}^x \mathrm{d}x$.

解 设 $u=x,\mathrm{d}v=\mathrm{e}^x\mathrm{d}x=\mathrm{d}(\mathrm{e}^x)$，则代入分部积分公式得

$$\int x\mathrm{e}^x\mathrm{d}x = \int x\mathrm{d}(\mathrm{e}^x) = x\mathrm{e}^x - \int \mathrm{e}^x\mathrm{d}x = x\mathrm{e}^x - \mathrm{e}^x + C$$

如果设 $u=\mathrm{e}^x,\mathrm{d}v=x\mathrm{d}x=\mathrm{d}\left(\frac{1}{2}x^2\right)$，代入分部积分公式中，则会得到

$$\int x\mathrm{e}^x\mathrm{d}x = \int \mathrm{e}^x\mathrm{d}\left(\frac{1}{2}x^2\right) = \frac{1}{2}x^2\mathrm{e}^x - \int \frac{1}{2}x^2\mathrm{d}(\mathrm{e}^x)$$

$$= \frac{1}{2}x^2\mathrm{e}^x - \frac{1}{2}\int x^2\mathrm{e}^x\mathrm{d}x$$

易见等式右端的积分比原积分更复杂，所以这样用分部积分公式是行不通的. 选择 u 和 $\mathrm{d}v$ 一般要考虑两点：

①求 v 要容易些；

②$\int v\mathrm{d}u$ 要比 $\int u\mathrm{d}v$ 容易积分.

例 4-9 求 $\int x^2\mathrm{e}^x\mathrm{d}x$.

解 令 $u=x^2,\mathrm{d}v=\mathrm{e}^x\mathrm{d}x=\mathrm{d}(\mathrm{e}^x)$，则

$$\int x^2\mathrm{e}^x\mathrm{d}x = \int x^2\mathrm{d}(\mathrm{e}^x) = x^2\mathrm{e}^x - \int \mathrm{e}^x\mathrm{d}(x^2) = x^2\mathrm{e}^x - 2\int x\mathrm{e}^x\mathrm{d}x$$

这里 $\int x\mathrm{e}^x\mathrm{d}x$ 比 $\int x^2\mathrm{e}^x\mathrm{d}x$ 容易积出，因为被积函数中 x 的幂次降低了一次，再使用一次分部积分法就可以了. 于是，

$$\begin{aligned}\int x^2\mathrm{e}^x\mathrm{d}x &= x^2\mathrm{e}^x - 2\int x\mathrm{e}^x\mathrm{d}x \\ &= x^2\mathrm{e}^x - 2\int x\mathrm{d}(\mathrm{e}^x) \\ &= x^2\mathrm{e}^x - 2(x\mathrm{e}^x - \mathrm{e}^x) + C \\ &= \mathrm{e}^x(x^2 - 2x + 2) + C\end{aligned}$$

例 4-10 $\int x^3\ln x\mathrm{d}x$.

解 设 $u=\ln x,\mathrm{d}v=x^3\mathrm{d}x=\mathrm{d}\left(\frac{1}{4}x^4\right)$，代入公式得

$$\int x^3 \ln x dx = \int \ln x d\left(\frac{1}{4}x^4\right) = \frac{1}{4}x^4 \ln x - \int \frac{1}{4}x^4 d(\ln x)$$

$$= \frac{1}{4}x^4 \ln x - \frac{1}{4}\int x^4 \frac{1}{x} dx$$

$$= \frac{1}{4}x^4 \ln x - \frac{1}{16}x^4 + C$$

当分部积分公式比较熟练之后,就不必再把 u 与 dv 写出来了.

例 4-11 求$\int \arccos x dx$.

解 $\int \arccos x dx = x \arccos x - \int x d(\arccos x)$

$$= x \arccos x - \int -\frac{x}{\sqrt{1-x^2}} dx$$

$$= x \arccos x - \frac{1}{2}\int \frac{1}{(1-x^2)^{\frac{1}{2}}} d(1-x^2)$$

$$= x \arccos x - \sqrt{1-x^2} + C$$

有时,应用分部积分公式可导出含有原来积分的方程,这时,移项整理就能求出结果.

例 4-12 求$\int e^x \sin x dx$.

解 $\int e^x \sin x dx = \int e^x d(-\cos x)$

$$= -e^x \cos x + \int e^x \cos x dx$$

$$= -e^x \cos x + \int e^x d(\sin x)$$

$$= -e^x \cos x + e^x \sin x - \int e^x \sin x dx$$

等式右端第三项就是原积分,移项即可求得

$$\int e^x \sin x dx = \frac{1}{2}e^x(\sin x - \cos x) + C$$

注意,因上式右端已无积分项,所以必须加上任意常数 C.

例 4-13 求$\int \sec^3 x\mathrm{d}x$.

解 $$\int \sec^3 x\mathrm{d}x = \int \sec x\mathrm{d}(\tan x)$$

$$= \sec x \tan x - \int \sec x \tan^2 x\mathrm{d}x$$

$$= \sec x \tan x - \int \sec x(\sec^2 x - 1)\mathrm{d}x$$

$$= \sec x \tan x - \int \sec^3 x\mathrm{d}x + \int \sec x\mathrm{d}x$$

$$= \sec x \tan x + \ln|\sec x + \tan x| - \int \sec^3 x\mathrm{d}x$$

移项即可求出

$$\int \sec^3 x\mathrm{d}x = \frac{1}{2}(\sec x \tan x + \ln|\sec x + \tan x|) + C$$

综合以上几例,一般可得下列做法:

①当被积函数为指数函数或正(余)弦函数与x^n(n为正整数)的乘积时,宜将x^n作为u,其余部分结合$\mathrm{d}x$作为$\mathrm{d}v$,即对下列积分

$$\int x^n \mathrm{e}^{ax}\mathrm{d}x, \int x^n \sin ax\mathrm{d}x, \int x^n \cos ax\mathrm{d}x$$

(a为常数)均可设$u = x^n$,其余部分为$\mathrm{d}v$.

②当被积函数为对数函数或反三角函数与x^n(n为正整数)的乘积时,宜令x^n结合$\mathrm{d}x$作为$\mathrm{d}v$,其余部分作为u,即对下列积分

$$\int x^n \ln x\mathrm{d}x, \int x^n \arcsin x\mathrm{d}x, \int x^n \arccos x\mathrm{d}x, \int x^n \arctan x\mathrm{d}x$$

均可令$x^n\mathrm{d}x = \mathrm{d}v$,其余部分作为$u$.

例 4-14 求$\int \mathrm{e}^{\sqrt{x}}\mathrm{d}x$.

解 令$\sqrt{x} = t$,则$x = t^2$,$\mathrm{d}x = 2t\mathrm{d}t$,于是

$$\int \mathrm{e}^{\sqrt{x}}\mathrm{d}x = 2\int t\mathrm{e}^t\mathrm{d}t = 2\int t\mathrm{d}(\mathrm{e}^t)$$

$$= 2\left(t\mathrm{e}^t - \int \mathrm{e}^t\mathrm{d}t\right) = 2(t\mathrm{e}^t - \mathrm{e}^t) + C$$

$$= 2\mathrm{e}^t(t - 1) + C = 2\mathrm{e}^{\sqrt{x}}(\sqrt{x} - 1 + C)$$

本例同时用到换元积分法和分部积分法.

4.1.3 几种常见函数的积分

我们已经知道,求积分比求导数困难得多.主要原因有两方面:一方面是,导数的定义清楚地给出了求导数的方法,我们可以称这样的定义是构造性的.而不定积分的定义并未给出其计算方法,这样的定义是非构造性的,因而不定积分没有统一的计算方法.另一方面是,初等函数的导数仍为初等函数,但初等函数的原函数却不一定是初等函数,这也造成了求积分实质性的困难.但对几种常见类型的函数,仍存在着有规律的积分方法.下面介绍几种常见类型函数的积分法.

1)有理函数的积分

设 $P(x)$ 和 $Q(x)$ 是两个实系数多项式,则形如

$$R(x)=\frac{P(x)}{Q(x)}=\frac{a_0x^n+a_1x^{n-1}+\cdots+a_{n-1}x+a_n}{b_0x^m+b_1x^{m-1}+\cdots+b_{m-1}x+b_m}$$

的函数称为 x 的有理函数.对有理函数,我们总假定分子 $P(x)$ 与分母 $Q(x)$ 之间没有公因式,且当 $n<m$ 时,称为真分式;当 $n>m$ 时,称为假分式.

有理函数有以下性质:

①假分式可用多项式的除法化成多项式与真分式之和.例如:

$$\frac{x^3+x+1}{x^2+1}=x+\frac{1}{x^2+1}$$

由于多项式的积分容易求出,因此只需讨论真分式的积分法.

②在实数范围内真分式总可以化成几个最简分式之和.所谓最简分式是指下面两种形式的分式

$$\frac{A}{(x-a)^k},\frac{Ax+B}{(x^2+px+q)}$$

式中 k,l——正整数;

A,B,a,p,q——常数,且 $p^2-4q<0$,即 x^2+px+q 不能在实数范围内再分解.

由多项式的性质知道,在实数范围内,多项式 $Q(x)$ 必能分解成一次因式和二次质因式的乘积,即形如

$$Q(x)=b_0(x-a)^{\alpha}\cdots(x^2+px+q)^{\lambda}\cdots$$

的式子,其中 $p^2-4q<0,\cdots$,因此,可以证明真分式 $R(x)=\frac{P(x)}{Q(x)}$ 必可分解成如下形式

$$R(x)=\frac{A_1}{(x-a)^{\alpha}}+\frac{A_2}{(x-a)^{\alpha-1}}+\cdots+\frac{A_{\alpha}}{(x-a)}+$$

$$\cdots+\frac{M_1x+N_1}{(x^2+px+q)^{\lambda}}+\frac{M_2x+N_2}{(x^2+px+q)^{\lambda-1}}+$$

$$\cdots+\frac{M_{\lambda}x+N_{\lambda}}{x^2+px+q}+\cdots$$

式中 $A_i,\cdots,M_j,N_j,\cdots$——常数.

上式需注意:

①分母 $Q(x)$ 中如果有因式 $(x-a)^k$,那么分解后有下列 k 个最简分式之和

$$\frac{A_1}{(x-a)^k}+\frac{A_2}{(x-a)^{k-1}}+\cdots+\frac{A_k}{(x-a)}$$

式中 $A_1,A_2,\cdots,A_k$——常数,特别的,若 $k=1$,则分解后有 $\frac{A_k}{x-a}$.

②分母 $Q(x)$ 中如果有因式 $(x^2+px+q)\lambda$,其中 $p^2-4q<0$,那么分解后有下列 λ 个最简分式之和

$$\frac{M_1x+N_1}{(x^2+px+q)^{\lambda}}+\frac{M_2x+N_2}{(x^2+px+q)^{\lambda-1}}+\cdots+\frac{M_{\lambda}x+N_{\lambda}}{x^2+px+q}$$

式中 $M_i,N_i(i=1,2,\cdots,\lambda)$——常数. 特别地,若 $\lambda=1$,则分解后有 $\frac{Mx+N}{x^2+px+q}$.

例如,真分式 $\frac{x+3}{x^2-5x+6}=\frac{x+3}{(x-2)(x-3)}$ 可分解为

$$\frac{x+3}{(x-2)(x-3)}=\frac{A}{x-2}+\frac{B}{x-3}$$

式中 A,B——待定常数,可以用以下的简单方法求出.

类似地,真分式$\frac{1}{(1+2x)(1+x^2)}$可分解成

$$\frac{1}{(1+2x)(1+x^2)}=\frac{A}{1+2x}+\frac{Bx+C}{1+x^2}$$

$$=\frac{\frac{4}{5}}{1+2x}+\frac{-\frac{2}{5}x+\frac{1}{5}}{1+x^2}$$

例 4-15 求$\int\frac{x+3}{x^2-5x+6}\mathrm{d}x$.

解 利用前面的分解得

$$\int\frac{x+3}{x^2-5x+6}\mathrm{d}x=\int\left(\frac{-5}{x-2}+\frac{6}{x-3}\right)\mathrm{d}x=-5\int\frac{1}{x-2}\mathrm{d}x+6\int\frac{1}{x-3}\mathrm{d}x$$

$$=-5\ln|x-2|+6\ln|x-3|+C$$

方法 1(系数比较法):两端去分母后,得到

$$x+3=A(x-3)+B(x-2)$$

即

$$x+3=(A+B)x-(3A+2B)$$

由等式两端 x 的同次幂的系数及常数项比较有

$$\begin{cases}A+B=1\\-(3A+2B)=3\end{cases}$$

从而解得 $A=-5,B=6$.

方法 2(赋值法):两端去除分母后,得到

$$x+3=A(x-3)+B(x-2)$$

代入特殊的 x 值,令 $x=2$,得 $A=-5$;令 $x=3$,得 $B=6$. 两种方法都能得到

$$\frac{x+3}{(x-2)(x-3)}=\frac{-5}{x-2}+\frac{6}{x-3}$$

例 4-16 求$\int\frac{2x^2+2x+13}{(x-2)(x+1)^2}\mathrm{d}x$.

解 将被积函数分解成部分分式得

$$\frac{2x^2+2x+13}{(x-2)(x^2+1)^2}=\frac{A}{x-2}+\frac{Bx+C}{x^2+1}+\frac{Dx+E}{(x^2+1)^2}$$

即

$$2x^2+2x+13$$
$$=A(x^2+1)^2+(Bx+C)(x-2)(x^2+1)+(Dx+E)(x-2)$$

这是一个关于 x 的恒等式,用赋值法确定系数 A,B,C,D,E.

令 $x=2$(使 $x-2=0$),得 $25=25A$,即 $A=1$.

令 $x=i$(使 $x^2+1=0$),得 $11+2i-(Di+E)(i-2)$,解之得 $D=-3,E=-4$.

令 $x=0$,得 $13=A-2C-2E$,即 $C=-2$.

令 $x=1$,得 $17=4A-2(B+C)-(D+E)$,即 $B=-1$.

于是

$$\int\frac{2x^2+2x+13}{(x-2)(x^2+1)^2}\mathrm{d}x=\int\left[\frac{1}{x-2}+\frac{-x-2}{x^2+1}+\frac{-3x-4}{(x^2+1)^2}\right]\mathrm{d}x$$

$$=\int\frac{1}{x-2}\mathrm{d}x-\int\frac{x}{x^2+1}\mathrm{d}x-\int\frac{2}{x^2+1}\mathrm{d}x-3\int\frac{x}{(x^2+1)^2}\mathrm{d}x-4\int\frac{x}{(x^2+1)^2}\mathrm{d}x$$

$$=\ln|x-2|-\frac{1}{2}\ln(x^2+1)-2\arctan x+\frac{3}{2(x^2+1)}-\frac{2x}{x^2+1}-2\arctan x+C$$

$$=\ln|x-2|-\frac{1}{2}\ln(x^2+1)-4\arctan x-\frac{4x-3}{2(x^2+1)}+C$$

从前面的分析已经知道,任何有理函数都可以分解成多项式与最简分式之和. 所以,对有理函数的积分就是对多项式、$\frac{A}{(x-a)^n}$、$\frac{Mx+N}{(x^2+px+q)^n}$这 3 类函数的积分,而对多项式及$\frac{A}{x-a}$的积分容易求出,因此,下面讨论对$\frac{Mx+N}{(x^2+px+q)^n}$($n>1$)的积分:

由于 $x^2+px+q=\left(x+\frac{p}{2}\right)^2+q-\frac{p^2}{4}$,可设 $t=x+\frac{p}{2}$,并记 $x^2+px+q=t^2+a^2$,$Mx+N=Mt+b$,其中 $a^2=q-\frac{p^2}{4}$,$b=N-\frac{MP}{2}$. 则有

$$\int \frac{Mx+N}{(x^2+px+q)^n}\mathrm{d}x = \int \frac{Mt\mathrm{d}t}{(t^2+a^2)^n} + \int \frac{b\mathrm{d}t}{(t^2+a^2)^n}$$

右边第一项用凑微分法容易计算,对积分 $I_n = \int \frac{\mathrm{d}t}{(t^2+a^2)^n}$ 可导出递推公式

$$I_n = \frac{1}{2a^2(n-1)}\left[\frac{t}{(t^2+a^2)^{n-1}} + (2n-3)I_{n-1}\right](n>1)$$

且 $I_1 = \frac{1}{a}\arctan\frac{t}{a} + C$(读者可用分部积分公式自行推出).

每使用一次递推公式,被积函数的次数就降低一次,这样就可以逐步求出结果.

至此为止,所有有理函数的积分都能求出了,结论:有理函数的原函数都是初等函数,这一性质使得有理函数在理论和应用方面都很重要.

2)三角有理函数的积分

所谓三角有理函数是指由三角函数和常数经过有限次四则运算所构成的函数. 由于全部三角函数都是 $\sin x$、$\cos x$ 的有理式,所以三角有理函数也就是由 $\sin x$、$\cos x$ 所构成的有理式,记作 $R(\sin x,\cos x)$,其中 $R(u,v)$ 表示 u、v 两个变量的有理式,其积分

$$\int (\sin x,\cos x)\mathrm{d}x$$

称为三角有理函数的积分,它可以经过所谓的"万能"代换 $u=\tan\frac{x}{2}$,化为有理函数的积分. 这是因为

$$\sin x = 2\sin\frac{x}{2}\cos\frac{x}{2} = \frac{2\tan\frac{x}{2}}{\sec^2\frac{x}{2}}$$

$$= \frac{2\tan\frac{x}{2}}{1+\tan^2\frac{x}{2}} = \frac{2u}{1+u^2}$$

$$\cos x = \cos^2\frac{x}{2} - \sin^2\frac{x}{2}$$

$$= \frac{1 - \tan^2\frac{x}{2}}{\sec^2\frac{x}{2}} = \frac{1 - \tan^2\frac{x}{2}}{1 + \tan^2\frac{x}{2}} = \frac{1 - u^2}{1 + u^2}$$

及

$$x = 2\arctan u, \mathrm{d}x = \frac{2}{1 + u^2}\mathrm{d}u$$

从而

$$\int R(\sin x, \cos x)\,\mathrm{d}x = \int R\left(\frac{2u}{1 + u^2}, \frac{1 - u^2}{1 + u^2}\right)\frac{2}{1 + u^2}\mathrm{d}u$$

这就成为对变量 u 的有理函数的积分了,因此用前面学过的有理函数的积分法即可求出此积分.

例 4-17 求 $\int\frac{1 + \sin x}{1 + \cos x}\mathrm{d}x$.

解 令 $u = \tan\frac{x}{2}$,则有

$$\int\frac{1 + \sin x}{1 + \cos x}\mathrm{d}x = \int\frac{\left(1 + \frac{2u}{1 + u^2}\right)\frac{2\mathrm{d}u}{1 + u^2}}{1 + \frac{1 - u^2}{1 + u^2}}$$

$$= \int\left(1 + \frac{2u}{1 + u^2}\right)\mathrm{d}u = u + \ln(1 + u^2)$$

$$= \tan\frac{x}{2} - 2\ln\left|\cos\frac{x}{2}\right| + C$$

上述代换原则上可以求出所有三角有理函数的积分,但不一定是最简便的代换法.

3)简单无理函数的积分

无理函数积分的困难在于被积函数中含有根号,故求这种积分的基本思想就是通过适当的变量替换,将被积函数中的根号去掉,化无理函数的积分为有

理函数的积分.用 $R(x,u)$ 表示关于 x,u 的有理数.

①对于形如 $\int R(x, \sqrt[n]{ax+b})\mathrm{d}x$ 的积分,可令 $t=\sqrt[n]{ax+b}$.

②对于形如 $\int R(x, \sqrt[m]{ax+b}, \sqrt[n]{ax+b})\mathrm{d}x$ 的积分,可令 $t=\sqrt[k]{ax+b}$,其中 k 为 m 和 n 的最小公倍数.

③对于形如 $\int R\left(x, \sqrt[n]{\frac{ax+b}{cx+d}}\right)\mathrm{d}x$ 的积分,可令 $t=\sqrt[n]{\frac{ax+b}{cx+d}}$.

通过上面这些变换都可以将被积函数转化为有理函数,从而容易进行积分.

例 4-18 求 $\int \frac{\mathrm{d}x}{1+\sqrt[3]{x+1}}$.

解 被积函数中出现了根式,为了消去根式,令 $\sqrt[3]{x+1}=t$,则 $x=t^3-1$, $\mathrm{d}x=3t^2\mathrm{d}t$,于是

$$\int \frac{\mathrm{d}x}{1+\sqrt[3]{x+1}}=\int \frac{3t^2\mathrm{d}t}{1+t}=3\int\left(t-1+\frac{1}{1+t}\right)\mathrm{d}t=\left(\frac{t^2}{2}-t+\ln|1+t|\right)+C$$

$$=\frac{3}{2}(x+1)^{\frac{2}{3}}-3(x+1)^{\frac{1}{3}}+3\ln\left|1+(x+1)^{\frac{1}{3}}\right|+C$$

例 4-19 求 $\int \frac{1}{x}\sqrt{\frac{1+x}{x}}\mathrm{d}x$.

解 为了去掉根号,令 $t=\sqrt{\frac{1+x}{x}}$,则 $x=\frac{1}{t^2-1}$, $\mathrm{d}x=-\frac{2t\mathrm{d}t}{(t^2-1)^2}$,于是

$$\int \frac{1}{x}\sqrt{\frac{1+x}{x}}\mathrm{d}x=\int (t^2-1)\cdot t\cdot\frac{-2t}{(t^2-1)^2}\mathrm{d}t=-2\int\frac{t^2}{t^2-1}\mathrm{d}t=-2\int\left(1+\frac{1}{t^2-1}\right)\mathrm{d}t$$

$$=-2t-\ln\left|\frac{t-1}{t+1}\right|+C=-2t+2\ln(t+1)-\ln|t^2-1|+C$$

$$=-2\sqrt{\frac{1+x}{x}}+2\ln\left(\sqrt{\frac{1+x}{x}}+1\right)+\ln|x|+C$$

4.2 定积分的计算

用牛顿-莱布尼茨公式计算定积分$\int_a^b f(x)\mathrm{d}x$的关键在于找出被积函数$f(x)$的一个原函数$F(x)$. 本节我们将不定积分中的换元法和分部积分法用到定积分上,形成定积分的相应法则.

4.2.1 定积分的换元法

定理4-3 设函数$f(x)$在$[a,b]$上连续,若函数$x=\phi(t)$在$[\alpha,\beta]$上满足下列条件:

①对任意的$t\in[\alpha,\beta]$,有$\phi(t)\in[a,b]$,且$\phi(\alpha)=a,\phi(\beta)=b$.

②在$[\alpha,\beta]$上,$\phi(t)$单值且$\phi'(t)$连续.

则有公式

$$\int_a^b f(x)\mathrm{d}x = \int_\alpha^\beta f[\phi(t)]\phi'(t)\mathrm{d}t$$

此公式称为定积分的换元公式.

证 由假设可以知道,上式两边积分的被积函数都是连续的,因此上式两边的定积分都存在,而且被积函数的原函数也都存在. 设$F(x)$是$f(x)$的一个原函数,则由积分形式不变性可知$F[\phi(t)]$是$F(\phi(t)]\phi'(t)$的一个原函数,因此有

$$\int_a^b f(x)\mathrm{d}x = F(b) - F(a)$$

和

$$\int_\alpha^\beta f[\phi(t)\phi'(t)\mathrm{d}t] = F[\phi(\beta)] - F[\phi(\alpha)] = F(b) - F(a)$$

从而结论成立.

显然，换元公式对于 $\alpha>\beta$ 也是适用的.

应用换元公式时有两点值得注意：

①用变量代换 $x=\phi(t)$ 把原来变量 x 代换成新变量 t 时，积分限一定要换成相应于新变量 t 的积分限.

②求出 $f[\phi(t)\phi'(t)]$ 的一个原函数 $\Phi(t)$ 后，不需要再把 $\Phi(t)$ 变换成原来变量 x 的函数，而只需要把新变量 t 的上、下限分别代入 $\Phi(t)$ 中，然后相减就可以了.

例 4-20　计算 $\int_4^9 \frac{1}{\sqrt{x}-1}\mathrm{d}x$.

解　设 $x=t^2$，则 $\mathrm{d}x=2t\mathrm{d}t$，取反函数 $t=\sqrt{x}$，当 $x=4$ 时，$t=2$；当 $x=9$ 时，$t=3$，于是

$$\int_4^9 \frac{1}{\sqrt{x}-1}\mathrm{d}x = \int_2^3 \frac{1}{t-1}\cdot 2t\mathrm{d}t$$

$$= 2\int_2^3\left(1+\frac{1}{t-1}\right)\mathrm{d}t = 2[t+\ln(t-1)]\Big|_2^3$$

$$=2(3+\ln 2)-2(2+\ln 1)=2(1+\ln 2)$$

如取反函数 $t=-\sqrt{x}$，当 $x=4$ 时，$t=-2$；当 $x=9$ 时，$t=-3$，于是

$$\int_4^9 \frac{1}{\sqrt{x}-1}\mathrm{d}x = \int_{-2}^{-3} \frac{1}{-t-1}\cdot 2t\mathrm{d}t$$

$$= 2\int_{-2}^{-3}\left(1-\frac{1}{t+1}\right)\mathrm{d}t = 2[t-\ln|t+1|]\Big|_{-3}^{-2}$$

$$=2(-2-\ln 1)-2(-3-\ln 2)$$

$$=2(1+\ln 2)$$

本例说明用定积分换元公式时，对变量代换 $x=\phi(t)$，取任何一个与 $[a,b]$ 对应的变量 t 的单值连续区间来积分，结果都是相等的.

换元公式也可以“反过来”使用，即把换元公式中左右两边对调位置，同时把 t 改记为 x，而 x 改记为 t，即可得到

$$\int_a^b f[\phi(x)]\phi'(x)\mathrm{d}x = \int_\alpha^\beta f(t)\mathrm{d}t$$

这样,可用 $t=\phi(x)$ 来引入新变量 t,且 $\alpha=\phi(a)$,$\beta=\phi(b)$.

例 4-21 求 $\int_{\frac{\pi}{4}}^{\frac{\pi}{2}}\cot x\csc^2 x\mathrm{d}x$.

解 令 $t=\cot x$,则 $\mathrm{d}t=-\csc^2 x\mathrm{d}x$. 当 $x=\frac{\pi}{4}$ 时,$t=1$;当 $x=\frac{\pi}{2}$ 时,$t=0$,于是

$$\begin{aligned}\int_{\frac{\pi}{4}}^{\frac{\pi}{2}}\cot x\csc^2 x\mathrm{d}x &= \int_1^0 t(-\mathrm{d}t)\\ &= -\frac{t^2}{2}\Big|_1^0=\frac{1}{2}\end{aligned}$$

注意,在例 21 中,如果不明显地写出新变量 t,那么定积分的上、下限就不需要变更.

4.2.2 定积分的分部积分法

利用不定积分的分部积分法立即可以得到定积分的分部积分法.

定理 4-4 若 u,v 都在闭区间 $[a,b]$ 上有连续的一阶导数,则

$$\int_a^b uv'\mathrm{d}x = uv\Big|_a^b-\int_a^b u'v\mathrm{d}x$$

或

$$\int_a^b u\mathrm{d}v = uv\Big|_a^b-\int_a^b v\mathrm{d}u$$

称为定积分的分部积分公式.

例 4-22 求 $\int_0^{\frac{\pi}{4}}\frac{x\sin x}{\cos^3 x}\mathrm{d}x$.

解

$$\begin{aligned}\int_0^{\frac{\pi}{4}}\frac{x\sin x}{\cos^3 x}\mathrm{d}x &= \int_0^{\frac{\pi}{4}}x\tan x\sec^2 x\mathrm{d}x\\ &= \frac{1}{2}\int_0^{\frac{\pi}{4}}x\mathrm{d}(\tan^2 x) = \frac{1}{2}x\tan^2 x\Big|_0^{\frac{\pi}{4}}-\frac{1}{2}\int_0^{\frac{\pi}{4}}\tan^2 x\mathrm{d}x\\ &= \frac{\pi}{8}+\frac{1}{2}\int_0^{\frac{\pi}{4}}x\mathrm{d}x-\frac{1}{2}\int_0^{\frac{\pi}{4}}\sec^2 x\mathrm{d}x\\ &= \frac{\pi}{8}+\frac{\pi}{8}-\frac{1}{2}\tan x\Big|_0^{\frac{\pi}{4}}=\frac{\pi}{4}-\frac{1}{2}\end{aligned}$$

例 4-23 求$\int_0^1 \frac{\ln(1+x)}{(2-x)^2}dx$.

解
$$\int_0^1 \frac{\ln(1+x)}{(2-x)^2}dx = \int_0^1 \ln(1+x)\,d\left(\frac{1}{2-x}\right)$$
$$= \frac{\ln(1+x)}{2-x}\bigg|_0^1 - \int_0^1 \frac{1}{2-x}\cdot\frac{1}{1+x}dx$$
$$= \ln 2 + \frac{1}{3}\int_0^1\left(\frac{1}{x-2} - \frac{1}{1+x}\right)dx$$
$$= \ln 2 + \frac{1}{3}(\ln|x-2| - \ln|x+1|)\bigg|_0^1$$
$$= \ln 2 + \frac{1}{3}(-\ln 2 - \ln 2) = \frac{1}{3}\ln 2$$

4.2.3 奇、偶函数与周期函数定积分的性质

1)奇、偶函数定积分的性质

根据定积分的几何意义(面积的代数和),直接可得连续的奇、偶函数在对称区间$[-a,a]$上定积分的重要性质:

若$f(x)$ 为偶函数,则有$\int_{-a}^{a} f(x)dx = 2\int_0^a f(x)dx$(图 4-3);

若$f(x)$ 为奇函数,则有$\int_{-a}^{a} f(x)dx = 0$(图 4-4).

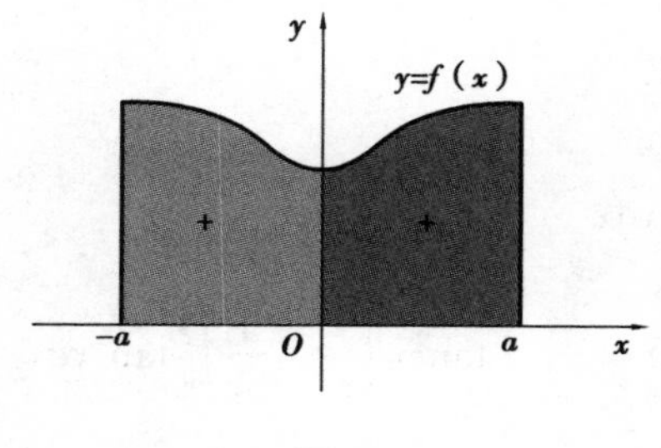

图 4-3

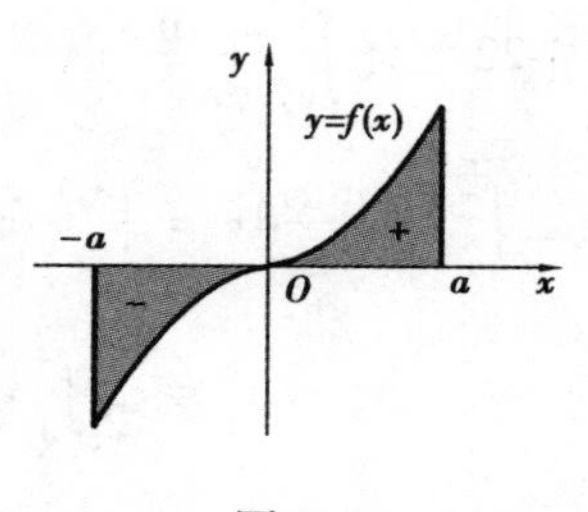

图 4-4

下面用换元法证明此性质,事实上,积分

$$\int_{-a}^{a} f(x)dx = \int_{-a}^{0} f(x)dx + \int_0^a f(x)dx$$

对积分$\int_{-a}^{a} f(x)\mathrm{d}x$用换元法,令$x=-t$,则$\mathrm{d}x=-\mathrm{d}t$,且$x=-a$时,$t=a$;$x=0$时,$t=0$,因此

$$\int_{-a}^{0} f(x)\mathrm{d}x=-\int_{a}^{0} f(-t)\mathrm{d}t=\int_{0}^{a} f(-t)\mathrm{d}t=\int_{0}^{a} f(-x)\mathrm{d}x$$

于是

$$\int_{-a}^{a} f(x)\mathrm{d}x=\int_{0}^{a}[f(x)+f(-x)]\mathrm{d}x \tag{4-2}$$

因此,若$f(x)$为偶函数,即$f(-x)=f(x)$,则

$$\int_{-a}^{a} f(x)\mathrm{d}x=\int_{0}^{a}[f(x)+f(x)]\mathrm{d}x=2\int_{0}^{a} f(x)\mathrm{d}x$$

若$f(x)$为奇函数,即$f(-x)=-f(x)$,则

$$\int_{-a}^{a} f(x)\mathrm{d}x=\int_{0}^{a}[f(x)-f(x)]\mathrm{d}x=\int_{0}^{a} 0\mathrm{d}x=0$$

利用这一性质,可简化奇、偶函数在对称区间上的定积分.

例 4-24 设$f(x)$是连续的奇函数,证明$\int_{0}^{x} f(t)\mathrm{d}t$是偶函数.

证 记$F(x)=\int_{0}^{x} f(t)\mathrm{d}t$,只需证明$F(-x)=F(x)$.

对积分$F(-x)=\int_{0}^{-x} f(t)\mathrm{d}t$用换元法,设$u=-t$,则$\mathrm{d}t=-\mathrm{d}u$,且$t=0$时,$u=0$;$t=-x$时,$u=x$,于是

$$F(-x)=-\int_{0}^{x} f(-u)\mathrm{d}u$$

又由于$f(u)$是奇函数,即$f(-u)=-f(u)$,因此上式为

$$F(-x)=\int_{0}^{x} f(u)\mathrm{d}u=\int_{0}^{x} f(t)\mathrm{d}t=F(x)$$

从而$F(x)$是偶函数.

2)周期函数定积分的性质

对于连续期函数$f(x)$,设其周期为T,a为任意常数,则有性质

$$\int_{a}^{a+T} f(x)\mathrm{d}x=\int_{0}^{T} f(x)\mathrm{d}x$$

事实上

$$\int_a^{a+T} f(x)\,\mathrm{d}x = \int_a^0 f(x)\,\mathrm{d}x + \int_0^T f(x)\,\mathrm{d}x + \int_T^{a+T} f(x)\,\mathrm{d}x$$

$$= -\int_0^a f(x)\,\mathrm{d}x + \int_T^{a+T} f(x)\,\mathrm{d}x + \int_0^T f(x)\,\mathrm{d}x$$

只要证明

$$-\int_0^a f(x)\,\mathrm{d}x + \int_T^{a+T} f(x)\,\mathrm{d}x = 0$$

即可. 对上式中的第二项定积分用换元法,设 $x=t+T$,则 $\mathrm{d}x=\mathrm{d}t$,且当 $x=T$ 时,$t=0$;当 $x=a+T$ 时,$t=a$,于是

$$\int_T^{a+T} f(x)\,\mathrm{d}x = \int_0^a f(t+T)\,\mathrm{d}t$$

而 $f(t)$ 是以 T 为周期的函数,即 $f(t+T)=f(t)$,因此

$$\int_T^{a+T} f(x)\,\mathrm{d}x = \int_0^a f(t)\,\mathrm{d}t = \int_0^a f(x)\,\mathrm{d}x$$

从而得到公式

$$\int_T^{a+T} f(x)\,\mathrm{d}x = \int_0^T f(x)\,\mathrm{d}x$$

这个性质从几何意义上说,就是连续的周期函数在任何长度等于一个周期的区间上的定积分都相等.

例 4-25 求 $\int_0^{100\pi} \sqrt{1-\cos 2x}\,\mathrm{d}x$.

解 由于 $f(x)=\sqrt{1-\cos 2x}=\sqrt{2}\,|\sin x|$ 是周期为 π 的周期函数,故

$$\int_0^{100\pi} \sqrt{1-\cos 2x}\,\mathrm{d}x = \sqrt{2}\int_0^{100\pi} |\sin x|\,\mathrm{d}x$$

$$= \sqrt{2}\int_0^{\pi} |\sin x|\,\mathrm{d}x + \sqrt{2}\int_{\pi}^{2\pi} |\sin x|\,\mathrm{d}x + \cdots + \sqrt{2}\int_{99\pi}^{100\pi} |\sin x|\,\mathrm{d}x$$

$$= 100\sqrt{2}\int_0^{\pi} |\sin x|\,\mathrm{d}x = 100\sqrt{2}\int_0^{\pi} |\sin x|\,\mathrm{d}x = 200\sqrt{2}$$

4.3 广义积分

前面两节中讨论的定积分具有两个性质:首先,其积分区间是有限的;其次,被积函数在积分区间上是有界的.但微积分的理论和应用有时要求我们讨论积分区间为无穷区间,或被积函数为无界函数的积分,它们已经不属于前面所讨论过的定积分了,但这类积分的计算仍以定积分为基础,所以这类积分被称为广义积分,也称为反常积分.

4.3.1 无穷区间上的广义积分

考虑第一象限内位于曲线 $y=e^{-ax}(a>0)$ 之下的无界区域(图4-5)的面积.

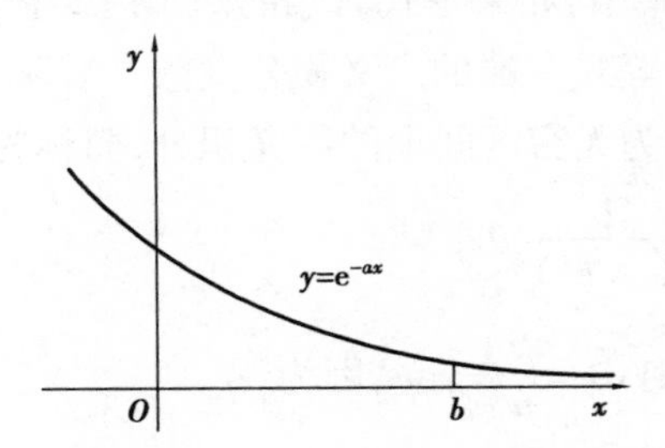

图4-5

首先,求 $x=0,x=b$ 及 $y=e^{-ax}$ 所围成的曲边梯形的面积 $I(b)$,即

$$I(b)=\int_0^b e^{-ax}dx=-\frac{1}{a}e^{-ax}\Big|_0^b=-\frac{1}{a}e^{-ab}+\frac{1}{a}$$

其次,当 $b\to+\infty$ 时,$I(b)$ 的极限

$$\lim_{b\to+\infty}I(b)=\lim_{b\to+\infty}\left(-\frac{1}{a}e^{-ab}+\frac{1}{a}\right)=\frac{1}{a}$$

则对于曲线下从 0 到 $+\infty$ 的面积可指定为

$$\int_0^{+\infty} e^{-ax}dx = \lim_{b\to+\infty}\int_0^b e^{-ax}dx = \frac{1}{a}$$

一般情形下,有下列定义:

定义 4-1 设函数 $f(x)$ 在区间 $[a, +\infty]$ 上连续,取 $b > a$. 如果极限 $\lim\limits_{b\to+\infty}\int_a^b f(x)dx$ 存在,则

$$\int_a^{+\infty} f(x)dx = \lim_{b\to+\infty}\int_a^b f(x)dx$$

此时称广义积分 $\int_a^{+\infty} f(x)dx$ 收敛;若上式极限不存在,则称广义积分 $\int_a^{+\infty} f(x)dx$ 发散,这时记号 $\int_a^{+\infty} f(x)dx$ 不再表示数值了.

类似地,可定义广义积分

$$\int_{-\infty}^b f(x)dx = \lim_{a\to-\infty}\int_a^b f(x)dx$$

式中,c 为任意实数,上式中,如果等式右端的两个广义积分都收敛,则等式左端的广义积分收敛;否则,等式左端的广义积分发散.

以上 3 种积分统称为无穷区间上的广义积分,简称为无穷积分.

例 4-26 求 $\int_a^{+\infty}\frac{1}{(1+e^x)^2}dx$.

解 令 $1+e^x=u$,则 $dx=\frac{1}{u-1}du$,因为

$$\int_0^b \frac{1}{(1+e^x)^2}dx = \int_2^{1+e^b}\frac{1}{u^2}\cdot\frac{1}{u-1}du$$

$$\int_2^{1+e^b}\left(\frac{1}{u-1}-\frac{1}{u}-\frac{1}{u^2}\right)du = \left(\ln|u-1| - \ln|u| + \frac{1}{u}\right)\Big|_2^{1+e^b}$$

$$= \ln\frac{e^b}{1+e^b} + \frac{1}{1+e^b} + \ln 2 - \frac{1}{2}$$

所以

$$\int_0^b \frac{1}{(1+e^x)^2}dx = \lim_{b\to+\infty}\left(\ln\frac{e^b}{1+e^b} + \frac{1}{1+e^b} + \ln 2 - \frac{1}{2}\right)$$

$$= \ln 2 - \frac{1}{2}$$

4.3.2 无界函数的广义积分

广义积分的另一种类型是被积函数在一个积分区间内的某些点处无界. 如考虑第一象限内位于曲线 $y=\frac{1}{\sqrt{x}}$ 之下从 $x=0$ 到 $x=1$ 之间的无界区域的面积,如图 4-6 所示.

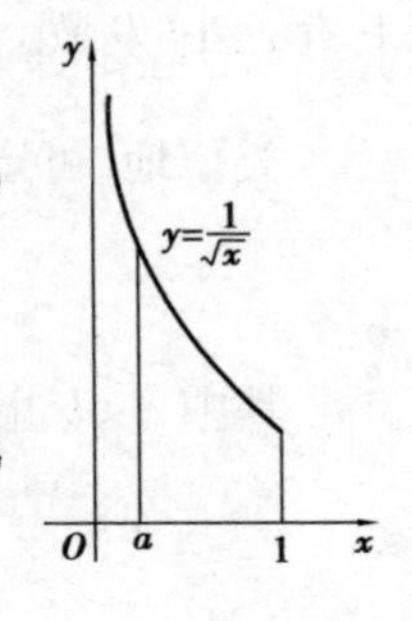

图 4-6

首先,求由 $y=\frac{1}{\sqrt{x}}$, $x=a(0<a<1)$ 及 $x=1$ 所围的曲边梯形的面积 $I(a)$,即

$$I(a)=\int_a^1\frac{1}{\sqrt{x}}\mathrm{d}x$$

$$=2\sqrt{x}\Big|_a^1=2-2\sqrt{a}$$

其次,求当 $a\to0^+$ 时,面积 $I(a)$ 的极限

$$\lim_{a\to0^+}\int_a^1\frac{1}{\sqrt{x}}\mathrm{d}x$$

$$=\lim_{a\to0^+}(2-2\sqrt{a})=2$$

于是,曲线 $y=\frac{1}{x}$ 之下从 $x=0$ 到 $x=1$ 之间的面积可指定为

$$\int_a^1\frac{1}{\sqrt{x}}\mathrm{d}x=\lim_{a\to0^+}\int_a^1\frac{1}{\sqrt{x}}\mathrm{d}x=2$$

这表明,图 4-6 中曲线下(0,1] 区间面积的极限值为 2. 仿照无穷区间上的广义积分,可给出如下定义.

定义 4-2 设函数 $f(x)$ 在 $(a,b]$ 上连续,而在点 a 的右邻域内无界. 取 $c>a$,如果极限 $\lim_{c\to a^+}\int_c^b f(x)\mathrm{d}x$ 存在,则

$$\int_a^b f(x)\mathrm{d}x=\lim_{c\to a^+}\int_c^b f(x)\mathrm{d}x$$

此时，称广义积分$\int_a^b f(x)\,dx$收敛；若上式极限不存在，则称广义积分$\int_a^b f(x)\,dx$发散.

类似地，可定义广义积分

$$\int_a^b f(x)\,dx = \lim_{c\to b^-}\int_a^c f(x)\,dx$$

其中$c<b$，且$f(x)$在点b的左邻域内无界，即广义积分

$$\int_a^b f(x)\,dx = \int_a^c f(x)\,dx + \int_a^c f(x)\,dx$$

其中$f(x)$在$[a,c)\cup(c,b]$上连续，且$f(x)$在点c的邻域内无界. 如果上式右端的两个广义积分都收敛，则上式左端的广义积分收敛；否则上式左端的广义积分发散.

由于函数在某些点处无界时，在这些点处常有铅直渐近线，所以，由初等函数构成被积函数的积分，可用积分区间内是否存在铅直渐近线协助判断其为广义或“常义”积分（即定积分）. 函数在某点无界，可称这样的点为瑕点，从而，无界函数的广义积分也被称为瑕积分.

例 4-27 求$\int_1^2 \frac{1}{x\sqrt{x^2-1}}dx$.

解 令$x=\frac{1}{t}$，则$dx=-\frac{1}{t^2}dt$，于是

$$\int_1^2 \frac{1}{x\sqrt{x^2-1}}dx = \int_1^{\frac{1}{2}} \frac{1}{\frac{1}{t}\sqrt{\frac{1}{t^2}-1}}\cdot\frac{-1}{t^2}dt$$

$$\int_1^2 \frac{1}{x\sqrt{x^2-1}}dx = \lim_{c\to 1^-}\int_{\frac{1}{2}}^c \frac{1}{\sqrt{1-t^2}}dt$$

$$= \lim_{c\to 1^-}\left(\arcsin c - \arcsin\frac{1}{2}\right) = \frac{\pi}{3}$$

第5章　积分模型及应用

定积分在几何、物理、经济学等方面有许多应用. 用定积分求某一总量时，我们通常并不通过定积分定义得到定积分表达式，而是利用本章介绍的微元法，先求出该总量的微分元素，然后再积分求出该总量. 所以微元法是微积分中的重要技巧. 另一方面，用微元法求总量的微分元素时要涉及对总量的分割，需要找到合适的积分变量，所以选择积分变量通常对计算也是非常重要的.

5.1　微分元素法

5.1.1　曲边梯形面积与微元法

如图 5-1 所示，设 $f(x)>0$ 且在 $[a,b]$ 上连续，通过第 4 章的定积分定义，我们已经导出了计算 $f(x)$ 的图形在 $[a,b]$ 区间上形成的曲边梯形面积 A 的方法. 该方法包含下述 4 个步骤.

1）分割

将 $[a,b]$ 划分为 n 个小区间 $\Delta x_i=[x_{i-1},x_i]\ (i=1,2,\cdots,n)$，相应地把曲边

梯形分为 n 个窄曲边梯形,第 i 个窄曲边梯形面积记为 ΔA_i.

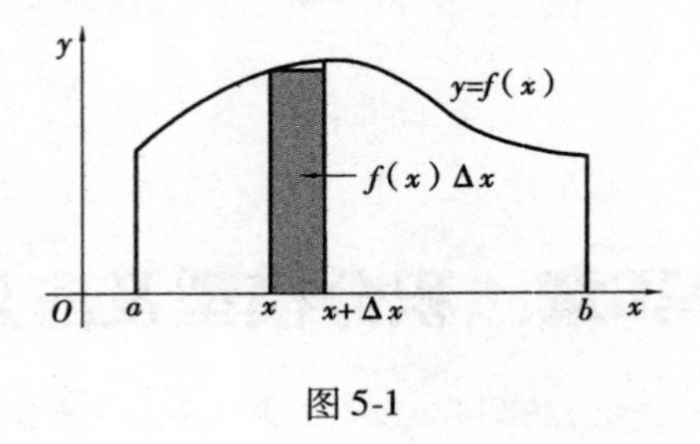

图 5-1

2)取近似

在上述分割的每个小区间上,将窄曲边梯形面积近似表示为 $\Delta A_i \approx f(\xi_i)\Delta x_i(x_{i-1} \leqslant \xi_i \leqslant x_i)$.

3)求黎曼和

将所有小区间上窄曲边梯形面积的近似值求和,得出 A 的近似值

$$A = \sum_{i=1}^{n} \Delta A_i \approx \sum_{i=1}^{n} f(\xi_i)\Delta x_i.$$

4)取极限

通过所有小区间长度一致地趋于零(这是 $\lambda \to 0$ 的本质含义,$\lambda = \max\{\Delta x_i \mid i = 1,2,\cdots,n\}$ 得出曲边梯形面积 A 的精确值 $A = \lim\limits_{\lambda \to 0}\sum\limits_{i=1}^{n} f(\xi_i)\Delta x_i = \int_a^b f(x)\,\mathrm{d}x$.

通过以上过程和定积分定义可知,当所求(未知)量满足下列条件时,可以用定积分来求得:

①所求量分布在某一变量(例如 x)的某一区间$[a,b]$上.

②所求量关于区间$[a,b]$具有可加性,即如果把$[a,b]$任意划分为若干个子区间时,所求量就对应地分为若干个部分量,同时所求量就是这些部分量之和.

③所求量在区间$[a,b]$上具有"局部可逼近性"(见第 4 章第 4.1 节),即其部分量可由"以直代曲"(或"以不变代变")的方法,求出局部近似值.

通过牛顿 - 莱布尼茨公式我们已经知道,用定积分$\int_a^b f(x)\mathrm{d}x$来计算一个未知量,只需知道积分区间$[a,b]$和被积表达式$f(x)\mathrm{d}x$即可. 积分变量x和积分区间$[a,b]$根据所求量的性质选取,首先讨论如何导出被积表达式. 观察上述计算曲边梯形面积步骤2中的表达式$\Delta A_i \approx f(\xi_i)\Delta x_i$,它是窄曲边梯形面积$\Delta A_i$的近似表达式,它表示以$f(\xi_i)$为高,$\Delta x_i$为底的矩形面积,是“以直代曲”(或“以不变代变”)的结果,且容易看出这一表达式与$f(x)\mathrm{d}x = f(x)\Delta x$很相似. 所以为了得到被积表达式,可将$f(\xi_i)\Delta x_i$的下标略去,将$\Delta x_i$简化为$\Delta x$,$[x_{i-1},x_i]$改写为$[x,x+\Delta x]$;同时将$\xi_i$取到区间的左端点$x$处(根据定积分的定义,这样做是可以的). 这样,上述关系成为$\Delta A \approx f(x)\Delta x = f(x)\mathrm{d}x$,就直接得到了被积表达式. 同时可知,这一表达式就表示$\Delta A_i \approx f(\xi_i)\Delta x_i$,它是所求量的“微小”近似量. 当所求量为面积时,可称为**面积微元或面积元素**.

推而广之,用定积分求某个未知量Q的步骤可简化如下:

①根据问题性质,选取适当的变量(例如x)作为积分变量,并确定所求量的分布区间$[a,b]$.

②在$[a,b]$上,任取一典型小区间$[x,x+\Delta x]$,再用**“以直代曲”(或“以不变代变”)的方法求出对应小区间上部分量ΔQ的近似值**. 如果该近似值能表示为$[a,b]$上的连续函数$f(x)$与区间长度$\mathrm{d}x$的乘积$f(x)\mathrm{d}x$时,则称$f(x)\mathrm{d}x$为所求量Q的**微分元素或微元**,记为$\mathrm{d}Q$,即

$$\mathrm{d}Q = f(x)\mathrm{d}x$$

③以所求量的微分元素$\mathrm{d}Q = f(x)\mathrm{d}x$为被积表达式,在区间$[a,b]$上作定积分,即得所求量

$$Q = \int_a^b f(x)\mathrm{d}x$$

这一方法通常称为**微分元素法、微元法或元素法**.

例 5-1 设$f(x)=\sin x+\cos x$,求$f(x)$图形与x轴之间在$\left[0,\frac{\pi}{2}\right]$上的曲边形面积.

解 我们先用微元法导出被积表达式,分割$\left[0,\frac{\pi}{2}\right]$,取一典型区间$[x,x+\mathrm{d}x]$,在该区间左端点处的函数值为$f(x)=\sin x+\cos x$,所以被积表达式为$(\sin x+\cos x)\mathrm{d}x$,从而所求的曲边梯形面积(图 5-2)为

$$\int_0^{\frac{\pi}{2}}(\sin x+\cos x)\mathrm{d}x=[-\cos x+\sin x]\Big|_0^{\frac{\pi}{2}}$$

$$=1-(-1)=2$$

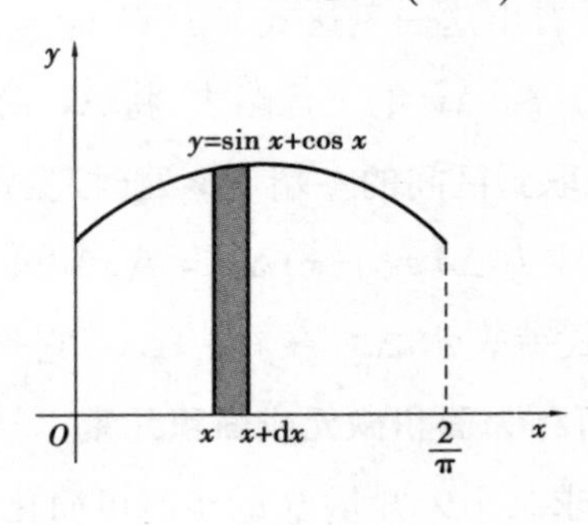

图 5-2

5.1.2 关于微元法的说明

微元法是建立定积分表达式的简便方法,凡是能用定积分计算的未知量,都可以考虑用微元法导出被积表达式. 但用微元法建立被积表达式时可能出错,所以我们需要清楚如下问题.

微元法为什么叫微分元素法? 它和微分有关系吗? 怎样才算求得一个未知量的“局部近似值”,以保证我们得到正确的被积表达式?

首先,由微积分基本定理的微分形式(定理 4-7)可知,当$f(x)$是**连续函数**时,

$$F(x)=\int_a^x f(t)\mathrm{d}t$$

在$[a,b]$内可微,且其微分$\mathrm{d}F(x)=f(x)\mathrm{d}x$,所以$f(x)\mathrm{d}x$就是用积分求未知量$Q$的被积表达式. 这就是说,微元法导出的被积表达式其实是所求量Q表示为变上限函数$Q(x)$时的微分,所以微元法称为**微分元素法**. 这里$f(x)\mathrm{d}x$有

双重含义：一方面，它是由“以直代曲”“以不变代变”导出的未知量的局部近似表达式，也是被积表达式；另一方面，它是所求量表示为未知函数 $Q(x)$ 的微分表达式，所以有下列结论：

用微元法求满足前述条件①、②、③的未知量 Q 时，需要在典型小区间 $[x, x+\Delta x]$ 上求出 Q 的增量 ΔQ，用 Δx 的线性函数表示的近似表达式 $f(x)\Delta x$，这就是用积分求 Q 的微元，同时由微分学可知，这一表达式还需满足下列条件：

①$\Delta Q \approx f(x)\Delta x$，误差是 Δx 的高阶无穷小.

②$f(x)$ 是积分区间上的一个连续函数.

其中①是微元作为微分表达式必须满足的条件，也是保证被积表达式不出错的条件；②是在第 4 章第 4.1 节已经说明的满足“局部可逼近性”的一个充分条件.

所以微元法的本质可简单表述为：

①几何意义：以直代曲.

②微积分意义：以微分代替增量.

例 5-2　设 $0<a<b$，在区间 $[a,b]$ 上函数 $f(x)$ 连续且 $f(x)>0$，如图 5-3 所示，曲边梯形 $ABCD$ 记为 Q，试求：

①Q 的面积.

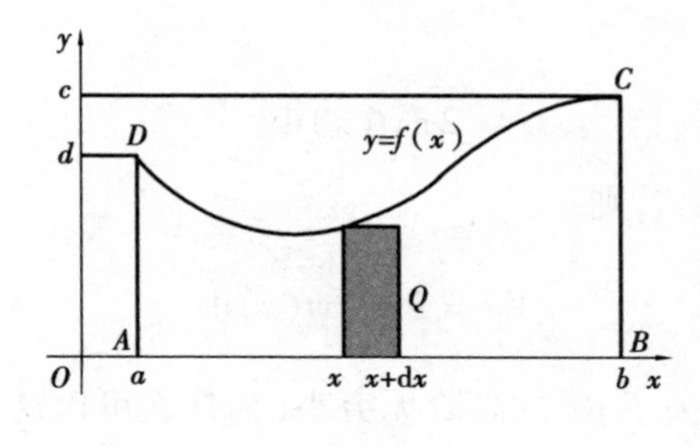

图 5-3

②Q 绕 x 轴形成的旋转体体积.

③Q 绕 y 轴形成的旋转体体积.

④$\overset{\frown}{DC}$ 弧的弧长.

⑤$\overset{\frown}{DC}$ 弧绕 x 轴旋转所得旋转曲面面积.

解 分割$[a,b]$区间,取一典型区间$[x,x+\mathrm{d}x]$,下面分别求出5种情形下总量的微分元素.

①由前面的分析可知,所求曲边梯形面积的微分元素为$f(x)\mathrm{d}x$,可称为**面积元素**,所求曲边梯形面积为

$$\int_a^b f(x)\mathrm{d}x \tag{5-1}$$

②在典型区间$[x,x+\mathrm{d}x]$上,用底半径为$f(x)$,高为$\mathrm{d}x$的小圆柱体体积近似代替对应小区间上的旋转体体积(这就是以直代曲),其表达式为$\pi[f(x)]^2\mathrm{d}x$,在$f(x)$为连续函数的情况下,容易证明省略的是$\mathrm{d}x$的高阶无穷小,所以这就是**体积元素,设旋转体体积为**V_1则

$$V_1 = \pi\int_a^b [f(x)]^2\mathrm{d}x, \tag{5-2}$$

③考察以x和$x+\mathrm{d}x$分别为底半径,而以$f(x)$为高的两圆柱体体积之差,把它作为$[x,x+\mathrm{d}x]$上的窄曲边梯形绕y轴形成旋转体体积的近似(这就是"以直代曲"),即

$$\pi(x+\mathrm{d}x)^2 f(x) - \pi x^2 f(x) = \pi\times 2xf(x)\mathrm{d}x + \pi\times f(x)(\mathrm{d}x)^2 \tag{5-3}$$

式(5-3)中,因$f(x)$有界,故$\pi f(x)(\mathrm{d}x)^2$是$\mathrm{d}x$的高阶无穷小,可略去,所以**体积元素**为

$$2\pi xf(x)\mathrm{d}x$$

设旋转体体积为V_2,则

$$V_2 = 2\pi\int_a^b xf(x)\mathrm{d}x \tag{5-4}$$

上述推导两次略去了$\mathrm{d}x$的高阶无穷小(为什么可以这样做?).

④小区间$[x,x+\mathrm{d}x]$上曲线$y=f(x)$的图形如图5-4所示.以$(x,f(x))$与$(x+\mathrm{d}x,f(x+\mathrm{d}x))$两点间的线段近似代替这段弧(这就是"以直代曲"),设这段弧长为ΔL,则$\Delta L^2\approx \mathrm{d}x^2+\Delta y^2\approx \mathrm{d}x^2+\mathrm{d}y^2=\mathrm{d}x^2+[f'(x)\mathrm{d}x]^2$(注意:用$\mathrm{d}y$代替$\Delta y$时,根据微分性质,就是略去了$\Delta x$的高阶无穷小),所以

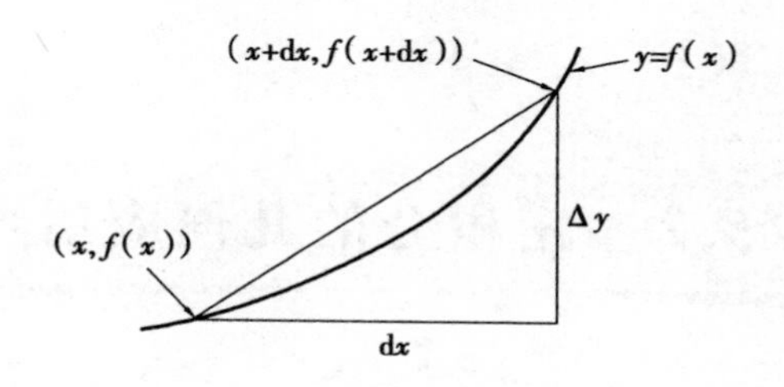

图 5-4

$$\mathrm{d}L = \sqrt{1 + [f'(x)]^2}\,\mathrm{d}x$$

这就是我们在第 4 章第 4.7 节已推导过的弧长微分，所以所求**弧长**为

$$L = \int_a^b \sqrt{1 + y'^2}\,\mathrm{d}x \tag{5-5}$$

⑤设所求面积为 S，已知④中求出小区间 $[x, x + \mathrm{d}x]$ 上弧长微分为 $\mathrm{d}L = \sqrt{1 + [f'(x)]^2}\,\mathrm{d}x$，则对应弧段绕 x 轴旋转形成的面积就是 S 的微元：

$$\mathrm{d}S = 2\pi f(x)\sqrt{1 + [f'(x)]^2}\,\mathrm{d}x$$

所以

$$S = 2\pi\int_a^b f(x)\sqrt{1 + [f'(x)]^2}\,\mathrm{d}x \tag{5-6}$$

希望读者通过此例深刻体会微元法中“**以直代曲**”的微分思想，请思考，我们为什么可以在避开求函数增量的复杂表达式

$$\Delta Q = Q(x + \Delta x) - Q(x)$$

的情况下，积分求出总量 Q 的精确值？也就是微元法的本质和根据是什么？

这里值得指出的是，微元法的根据至少与下列 3 个方面相关：

①极限中的高阶无穷小.

②微分中的“线性主部”.

③定积分定义.

而这 3 个概念又都与极限概念密切相关.

5.2 定积分的几何应用

5.2.1 平面图形的面积

1)直角坐标系中的面积问题

上一节,我们已经用微元法重新导出了求曲边梯形面积的公式,但实际情况下平面图形的面积常常很复杂. 本节我们只研究比较简单的情形,即平面区域的边界是已知函数表达式的情形. 如图 5-5 所示的平面图形 A,其上边界由曲线 $y=f(x)$ 构成,下边界由曲线 $y=g(x)$ 构成,容易看出,所求图形面积 A 是由 $[a,b]$ 区间上曲线 $y=f(x)$ 和 $y=g(x)$ 分别构成的两个曲边梯形面积之差,所以

$$A=\int_a^b f(x)\,\mathrm{d}x-\int_a^b g(x)\,\mathrm{d}x=\int_a^b[f(x)-g(x)]\,\mathrm{d}x \tag{5-7}$$

图 5-5 中的两条曲线显然满足 $f(x)>0,g(x)>0$. 如果两条曲线不能满足这一条件,譬如像图 5-6 那样,式(5-7)还能表示其面积吗(请读者考虑)?

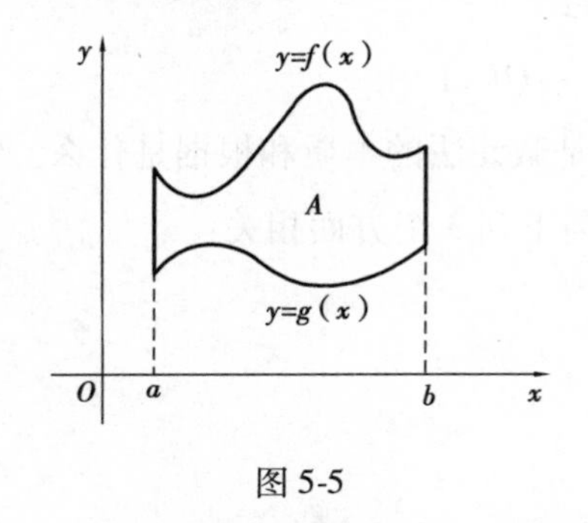

图 5-5

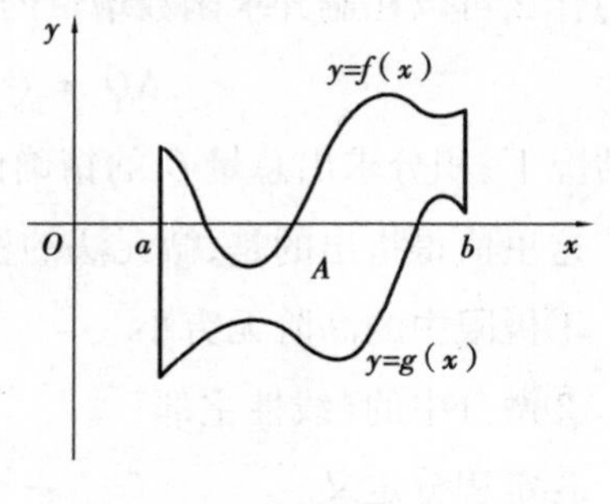

图 5-6

有时候,区域的边界曲线由变量 y 的函数表示比较方便,如图 5-7 所示. 这时很自然地,其面积 A 应表示为

$$A=\int_c^d[f(y)-g(y)]\,\mathrm{d}y$$

即我们应选取 y 为积分变量. 事实上，根据平面图形的不同情形，为计算简单起见，我们经常要在计算面积之前选取合适的积分变量.

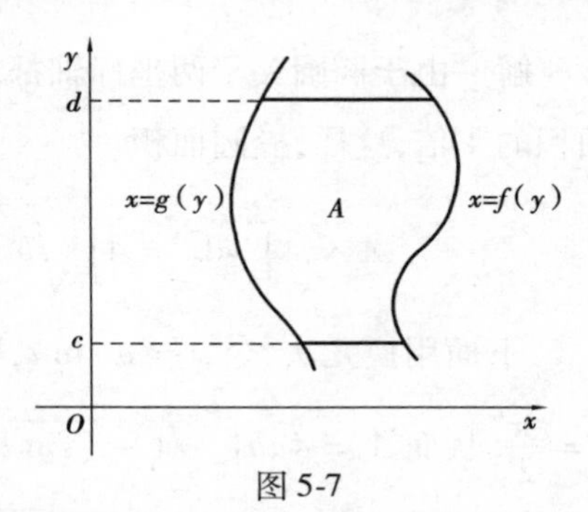

图 5-7

例 5-3 计算由两条平面曲线：$y=6-x^2$ 与 $y=3-2x$ 围成的平面图形的面积.

解 先求出两条曲线的交点 $(-1,5)$ 和 $(3,-3)$. 绘出两曲线及其所围成区域的图形(图 5-8).

取 x 为积分变量，则积分区间为 $[-1,3]$，由式(5-1)知所求图形面积为

$$\int_{-1}^{3}[(6-x^2)-(3-2x)]\mathrm{d}x=\int_{-1}^{3}(3+2x-x^2)\mathrm{d}x$$

$$=\left[3x+x^2-\frac{x^3}{3}\right]\Bigg|_{-1}^{3}=\frac{32}{3}$$

我们也可以直接求该图形的面积元素. 分割 $[-1,3]$ 区间，取一典型区间 $[x,x+\Delta x]$，如图 5-8 所示中对应小区间左端点处区域内部线段长为 $(6-x^2)-(3-2x)=3+2x-x^2$，以面积元素为 $(3+2x-x^2)\Delta x=(3+2x-x^2)\mathrm{d}x$，故所求面积仍为

$$\int_{-1}^{3}(3+2x-x^2)\mathrm{d}x=\frac{32}{3}$$

例 5-4 求椭圆 $\frac{x^2}{a^2}+\frac{y^2}{b^2}=1$(图 5-9)所围成图形的面积.

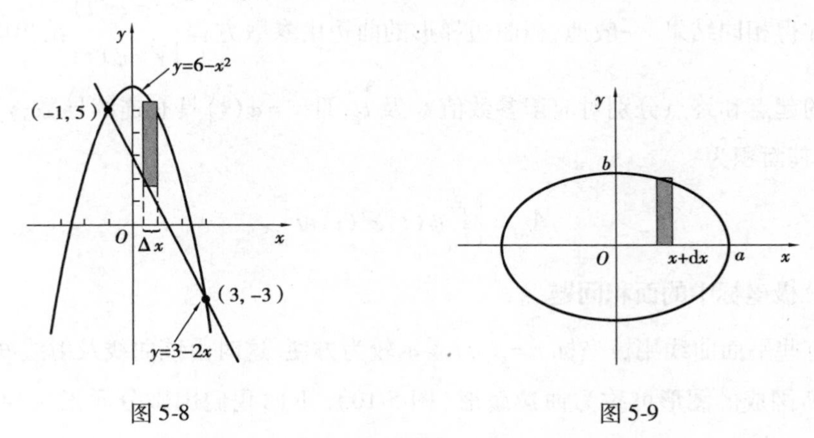

图 5-8

图 5-9

解　由于椭圆关于两坐标轴都对称,所以椭圆面积应等于其第一象限部分面积的 4 倍,这样,椭圆面积

$$A = 4\int_0^a y\mathrm{d}x = 4\int_0^a \sqrt{b^2\left(1 - \frac{x^2}{a^2}\right)}\mathrm{d}x = 4b\int_0^a \sqrt{1 - \frac{x^2}{a^2}}\mathrm{d}x$$

下面用换元法,令 $x = a\sin t$,则 $\mathrm{d}x = a\cos t\mathrm{d}t$. 且 $x = 0$ 时 $t = 0$;$x = a$ 时 $t = \frac{\pi}{2}$,从而 $A = 4ab\int_0^{\frac{\pi}{2}} \sqrt{1 - (\sin t)^2}\cos t\mathrm{d}t = 4ab\int_0^{\frac{\pi}{2}} (\cos t)^2\mathrm{d}t = 2ab\int_0^{\frac{\pi}{2}} (1 + \cos 2t)\mathrm{d}t = 2ab\frac{\pi}{2} = \pi ab$

本例也可用椭圆的参数方程求面积. 椭圆的参数方程为

$$\begin{cases} x = a\cos t \\ y = b\sin t \end{cases}$$

将 $A = 4\int_0^a y\mathrm{d}x$ 利用参数方程直接换元,即令 $y = b\sin t, x = a\cos t$. 且 $x = 0$ 时 $t = \frac{\pi}{2}$,$x = a$ 时 $t = 0$,所以

$$A = 4\int_{\frac{\pi}{2}}^0 b\sin t\mathrm{d}(a\cos t) = -4ab\int_{\frac{\pi}{2}}^0 (\sin t)^2\mathrm{d}t$$

$$= 4ab\int_0^{\frac{\pi}{2}} (\sin t)^2\mathrm{d}t = 2ab\int_0^{\frac{\pi}{2}} (1 - \cos 2t)\mathrm{d}t = \pi ab$$

亦得相同结果. 一般地,当曲边梯形的曲边由参数方程 $\begin{cases} x = \varphi(t) \\ y = \psi(t) \end{cases}$ 给出时,若曲边的起点和终点分别对应于参数值 t_1 及 t_2,且 $x = \varphi(t)$ 具有连续导数,y 不变号,则其面积为

$$A = \left|\int_{t_1}^{t_2} \psi(t)\varphi'(t)\mathrm{d}t\right|$$

2)极坐标中的面积问题

有些平面曲线用极坐标 $r = f(\theta)$ 表示较为方便. 这时由该曲线及射线 $\theta = a$,$\theta = b$ 所围成的图形可称为**曲边扇形**(图 5-10). 下面我们用微分元素法导出曲

边扇形的面积公式,为此,假定 $r=f(\theta)$ 在 $[a,b]$ 区间是连续的.

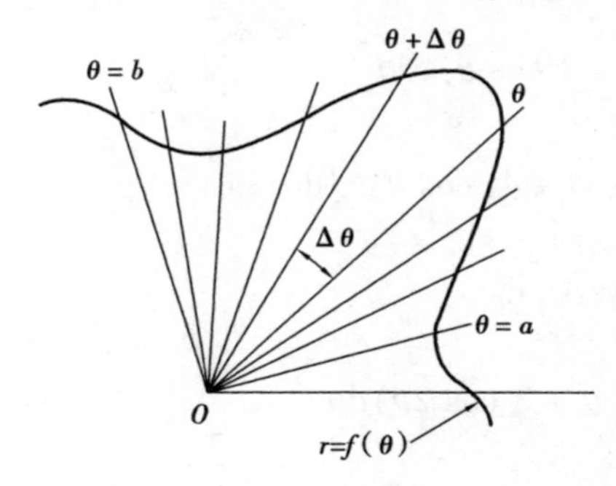

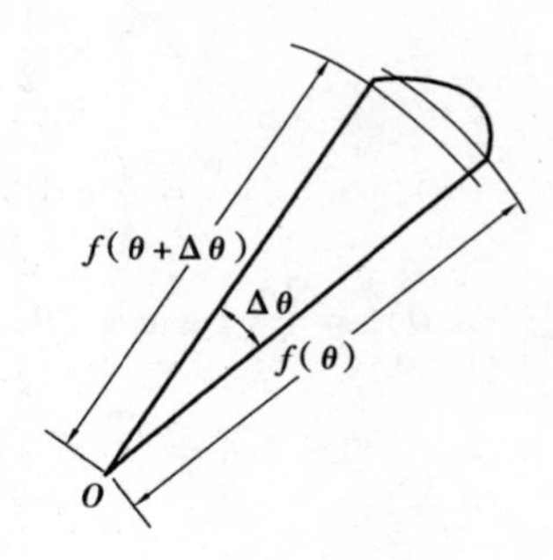

图 5-10

我们知道,圆扇形面积公式是 $A=\dfrac{1}{2}r^2\theta$,以圆扇形面积公式为基础导出曲边扇形面积公式.

首先,分割 $[a,b]$,取一典型小区间 $[\theta,\theta+\Delta\theta]$,由于 $f(\theta)$ 是连续函数,从而当 $\Delta\theta$ 充分小时,$f(\theta)$ 在小区间上变化不大. 这样,该小区间对应的小曲边扇形面积可近似用圆扇形面积代替. 设曲边扇形面积为 A,则

$$\Delta A\approx\frac{1}{2}[f(\theta)]^2\Delta\theta$$

其中,$f(\theta)$ 为典型小区间左端点极半径. 由于该表达式已是微分形式,所以这就是所求的微分元素,即

$$\mathrm{d}A=\frac{1}{2}[f(\theta)]^2\Delta\theta=\frac{1}{2}[f(\theta)]^2\mathrm{d}\theta$$

这样,**曲边扇形面积**为

$$A=\frac{1}{2}\int_a^b[f(\theta)]^2\mathrm{d}\theta \tag{5-8}$$

例 5-5 计算心形线 $r=2+2\cos\theta$ 所围成图形的面积.

解 首先应对心形线图形作大概的讨论,由方程 $r=2+2\cos\theta$ 可知,其图形应对称于极轴(为什么?),其次令 $\theta=0,\dfrac{\pi}{4},\dfrac{\pi}{2},\pi$ 等特殊角,容易算出相应的 r 值,这样就易于用光滑曲线描绘出心形线图形(图 5-11). 设曲线围成的面积为

A,由对称性及式(5-7)可得:

$$A = 2 \times \frac{1}{2}\int_0^{\pi}(2 + 2\cos\theta)^2 d\theta$$

$$= \int_0^{\pi}[4 + 8\cos\theta + 4(\cos\theta)^2] d\theta$$

把$(\cos\theta)^2 = \frac{1}{2}(1 + \cos 2\theta)$代入上式,得

$$A = \int_0^{\pi}(6 + 8\cos\theta + 2\cos 2\theta) d\theta$$

$$= [6\theta + 8\sin\theta + \sin 2\theta]\Big|_0^{\pi} = 6\pi$$

下面我们考虑另一种情形.设极坐标系下两条曲线方程分别为$r = f(\theta)$及$r = g(\theta)$,且$f(\theta) \geqslant g(\theta) \geqslant 0$.我们考虑由这两条曲线及射线$\theta = a, \theta = b$围成的图形的面积(图5-12).

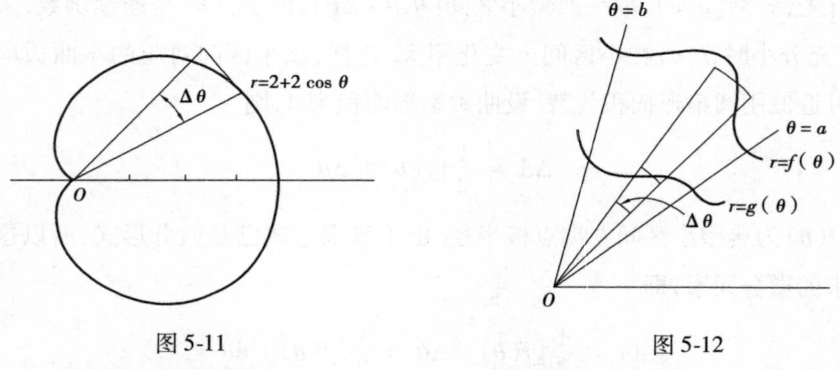

图5-11　　　　图5-12

易见该图形面积等于由$r = f(\theta)$及$r = g(\theta)$在$[a,b]$区间上形成的曲边扇形面积之差.这样,其面积

$$A = \frac{1}{2}\int_a^b [f(\theta)]^2 d\theta - \frac{1}{2}\int_a^b [g(\theta)]^2 d\theta$$

$$= \frac{1}{2}\int_a^b ([f(\theta)]^2 - [g(\theta)]^2) d\theta$$

5.2.2　体积问题

用定积分计算几何体体积的依据是对该几何体找到一个确定方向,用垂直

于该方向的任何平面去截,其截面积都是容易求出的.

图 5-13 所示是一个几何体,分布在对应于变量 x 的区间 $[a,b]$ 上,且对任何 $x \in [a,b]$,垂直于 x 轴方向的该几何体的截面积为 $A(x)$. 当 $A(x)$ 是连续函数时,我们可用微元法导出该几何体的体积公式. 分割 $[a,b]$,取一典型小区间 $[x,x+\Delta x]$,我们用 x 处的截面为底,高为 Δx 的柱体近似代替区间 $[x,x+\Delta x]$ 上的几何体,则

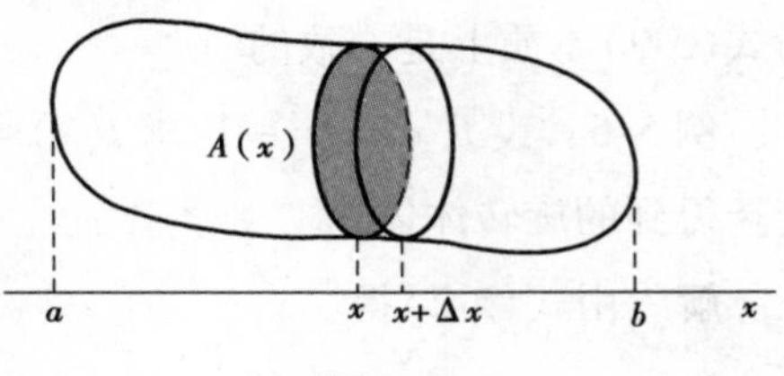

图 5-13

$$\Delta V \approx A(x)\Delta x = A(x)\mathrm{d}x$$

这就是所求体积的微分元素,所以该几何体体积为

$$V = \int_a^b A(x)\mathrm{d}x \tag{5-9}$$

式(5-9)说明,当垂直于某一方向的截面积都为已知时,则立体体积就是完全确定的,而与截面形状无关. 因此该公式反映了我国古代"夫叠棊成立积,缘幂势既同,则积不容异"的祖暅原理(也称刘祖原理)的实质.

1)旋转体体积

由第 5.1 节例 2 的推导可知,对图 5-14(a)中由 $y=f(x)$ 在 $[a,b]$ 区间与 x 轴所围成的曲边梯形,可导出其绕 x 轴旋转所得的旋转体[图 5-14(b)]体积公式为

$$V = \pi\int_a^b [f(x)]^2\mathrm{d}x$$

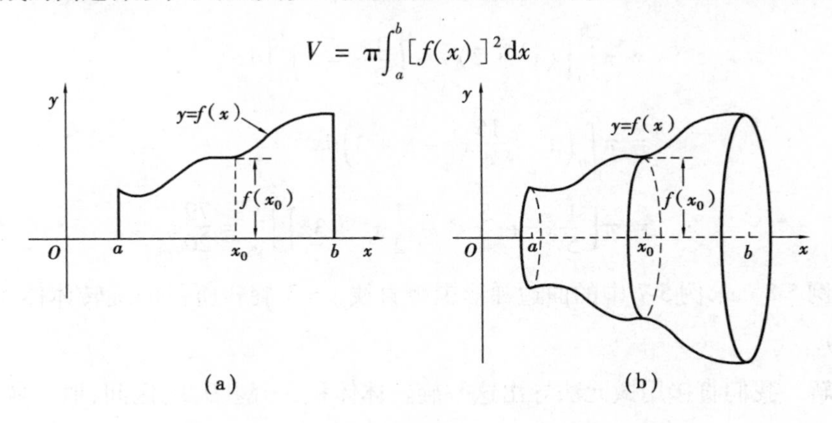

图 5-14

由于 $\pi[f(x)]^2$ 表示旋转体在 x 点垂直于 x 轴的截面的面积,所以式(5-2)与式(5-9)本质上是一致的.

例 5-6　设 $f(x)=x^2+1$,求 $f(x)$ 与 x 轴在 $[-1,1]$ 围成的曲边梯形绕 x 轴旋转得到的旋转体体积.

解　由式(5-2)得

$$V=\pi\int_{-1}^{1}(x^2+1)^2\mathrm{d}x=\pi\int_{-1}^{1}(x^4+2x^2+1)\mathrm{d}x$$

$$=\pi\left[\frac{1}{5}x^5+\frac{2}{3}x^3+x\right]\Big|_{-1}^{1}=\frac{56}{15}\pi$$

例 5-7　求 $x^2-y+2=0,2y-x-2=0,x=0$ 及 $x=1$ 围成的图形围绕 x 轴旋转所得的旋转体体积.

解　易见所求旋转体体积等于 $y=x^2+2$(即 $x^2-y-2=0$)在 $[0,1]$ 区间上围绕 x 轴形成的旋转体与 $y=\frac{1}{2}x+1$(即 $2y-x-2=0$)在 $[0,1]$ 区间上形成的旋转体体积之差. 由图 5-15 可知

$$\frac{1}{2}x+1<x^2+2$$

所以

$$V=\pi\int_0^1(x^2+2)^2\mathrm{d}x-\pi\int_0^1\left(\frac{1}{2}x+1\right)^2\mathrm{d}x$$

$$=\pi\int_0^1\left[(x^2+2)^2-\left(\frac{1}{2}x+1\right)^2\right]\mathrm{d}x$$

$$=\pi\int_0^1\left(x^4+\frac{15}{4}x^2-x+3\right)\mathrm{d}x$$

$$=\pi\left[\frac{1}{5}x^5+\frac{5}{4}x^3-\frac{1}{2}x^2+3x\right]\Big|_0^1=\frac{79}{20}\pi$$

例 5-8　求例 5-7 中的曲边梯形围绕直线 $y=3$ 旋转所得的旋转体体积(图 5-16).

解　我们直接用微元法导出这一旋转体体积,分割 $[0,1]$ 区间,取一典型小区间 $[x,x+\Delta x]$,该区间左端点处曲线 $y=x^2+2$ 绕 $y=3$ 旋转的旋转半径为

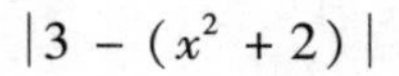

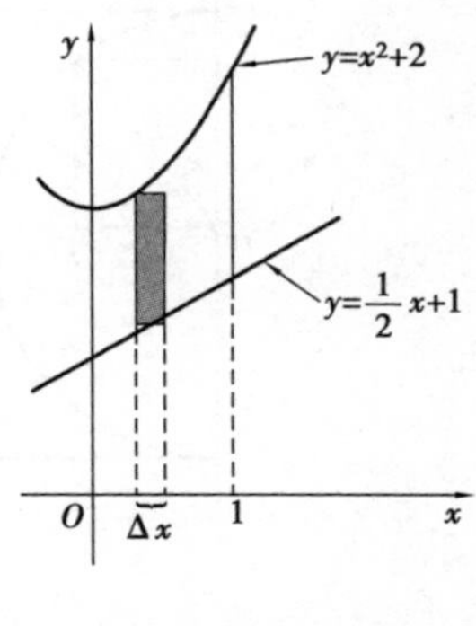

图 5-15

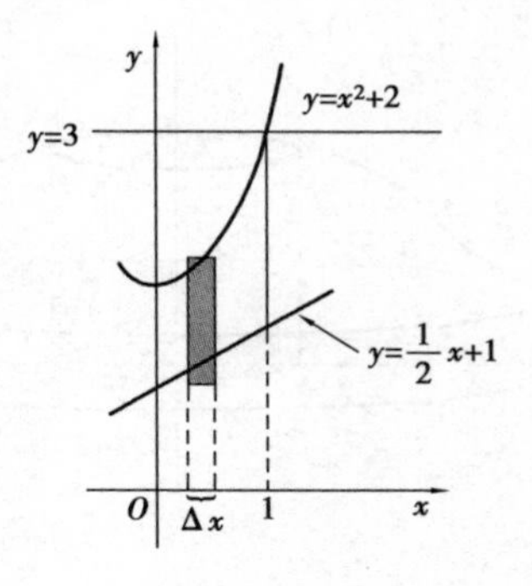

图 5-16

而曲线 $y=\frac{1}{2}x+1$ 绕直线 $y=3$ 旋转的半径为 $\left|3-\left(\frac{1}{2}x+1\right)\right|$,由图 5-16 易见,该小区间上的旋转体体积应为上述两体积之差,所以旋转体体积元素为

$$\begin{aligned}\Delta V&\approx \pi\left[\left(3-\left(\frac{1}{2}x+1\right)\right)^2-(3-(x^2+2))^2\right]\Delta x\\&=\pi\left[\left(2-\frac{1}{2}x\right)^2-(1-x^2)^2\right]\Delta x\\&=\pi\left(3-2x+\frac{9}{4}x^2-x^4\right)\Delta x\\&=\pi\left(3-2x+\frac{9}{4}x^2-x^4\right)\mathrm{d}x\end{aligned}$$

所以所求体积

$$\begin{aligned}V&=\pi\int_0^1\left(3-2x+\frac{9}{4}x^2-x^4\right)\mathrm{d}x\\&=\pi\left[3x-x^2+\frac{3}{4}x^3-\frac{1}{5}x^5\right]\Big|_0^1=\frac{51}{20}\pi\end{aligned}$$

由第 5.1 节例 2 中③的推导,我们已经知道由曲线 $y=f(x)$ 在 $[a,b]$ 区间形成的曲边梯形绕 y 轴旋转而形成的旋转体(图 5-17)体积为

$$V=2\pi\int_a^b xf(x)\mathrm{d}x(0<a<b,f(x)>0)$$

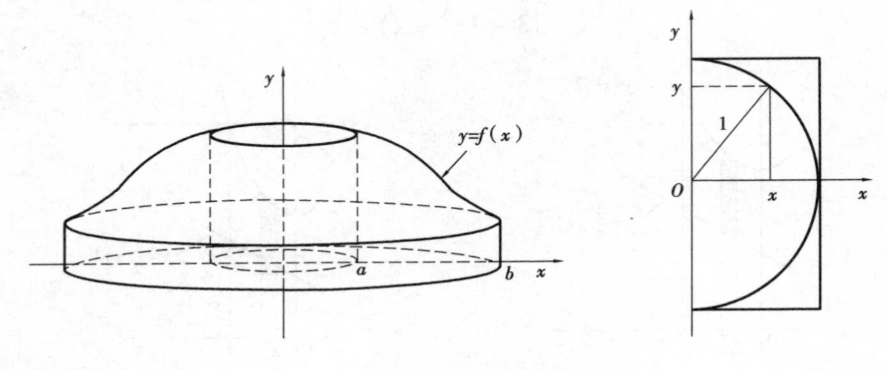

图 5-17

2)已知平行截面面积的立体体积

我们在本节一开始已经导出,**分布在区间$[a,b]$上,垂直于x轴方向截面积表达式为$A(x)$的几何体的体积为**

$$V=\int_a^b A(x)\,\mathrm{d}x$$

注意用式(5-9)求体积时,沿不同方向分割几何体,其计算的难易常常有明显区别. 例如图 5-18 所示中的圆锥体,当我们用垂直于其轴线的平面去截时,所得截面是圆形,其面积是易求的,而当我们用平行于轴线的平面去截时,截得的曲边形边界曲线为双曲线,求其截面积是困难的,因而用定积分求几何体体积时,沿何种方向分割几何体(本质上就是选择积分变量)是首先要考虑的重要问题.

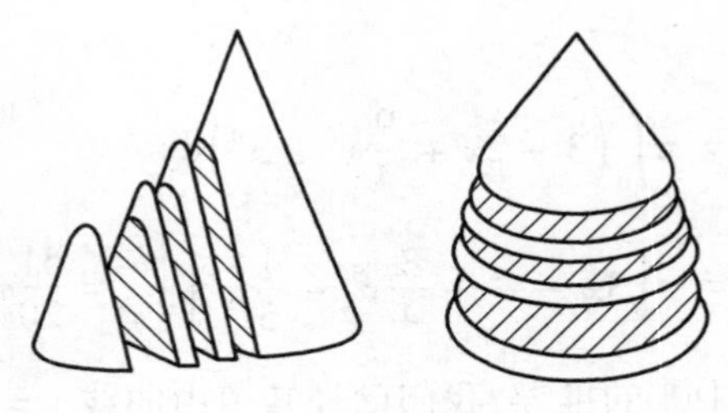

图 5-18

例 5-9 设有一几何体,其底面为Oxy平面上的圆$x^2+y^2=a^2(a>0)$,而用任何位于$[-a,a]$区间而垂直于x轴的平面去截该几何体,截面都是正三角形

(图5-19),求其体积.

解　过 x 轴上 $[-a,a]$ 区间任一点作垂直于 x 轴的平面与几何体相交,得截面为正三角形,因而其面积为

$$A(x)=\frac{1}{2}(2y)(\sqrt{3}y)=\sqrt{3}\,y^2=\sqrt{3}(a^2-x^2)$$

从而由式(5-8)可知该几何体体积为

$$V=\int_{-a}^{a}\sqrt{3}(a^2-x^2)\mathrm{d}x=\sqrt{3}\left[a^2x-\frac{x^2}{3}\right]\Bigg|_{-a}^{a}=\frac{4\sqrt{3}}{3}a^3$$

例5-10　在边长为2的正方体中内接两个垂直相贯的圆柱面(图5-20),求包围在两圆柱面内部的体积(我国古代数学家刘徽在《九章算术》注中称两圆柱体公共部分为“牟合方盖”,并证明“牟合方盖”与其内切球体积之比为4:π).

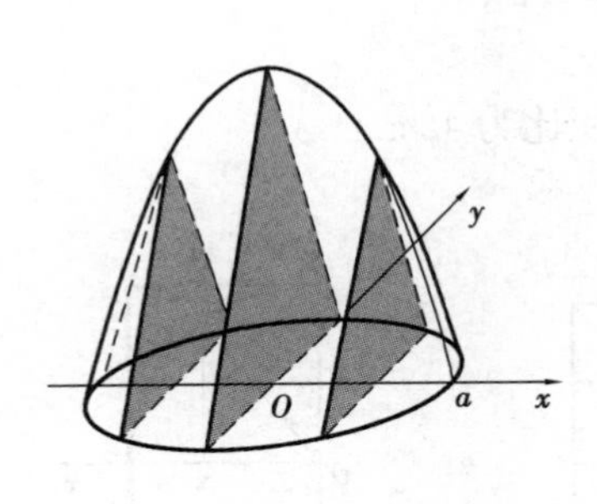

图5-19

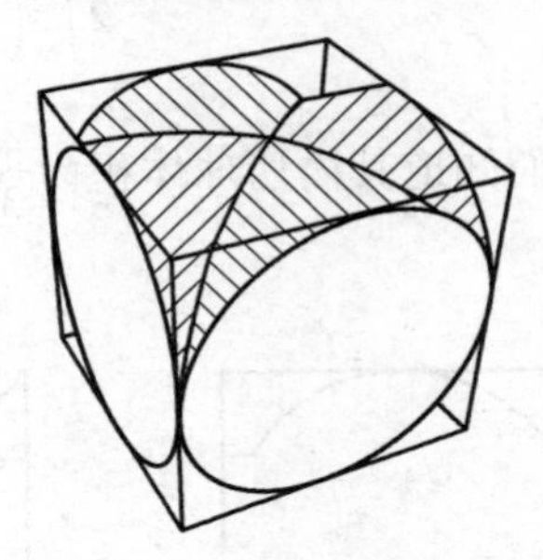

图5-20

解　可考虑用垂直与水平两种分割方式求其平行截面面积(图5-21). 图5-21(a)所示是某一垂直截面的情形. 易见这一情形中添加在圆外的部分面积难以表示. 而图5-21(b)所示是某一水平截面的情形,由此截面形状判断其面积是容易表示的,所以我们采用水平分割方式. 取其几何中心为坐标原点,y 轴沿两圆柱轴线之一,而 x 轴同时垂直于两圆柱轴线,易见几何体分布在 x 轴上 $[-1,1]$ 区间内. 由对称性我们可只需考虑 $[0,1]$ 区间的情形. 如图5-22所示,取 $x\in(0,1)$ 易算出圆上对应点的纵坐标为 $y=\sqrt{1-x^2}$,该 y 值对应图5-21(b)中的 y,容易算出,图5-21(b)中的截面积(阴影处)为

$$A(x)=(2y)^2+4\times 2y(1-y)=8y-4y^2$$

$$= 8\sqrt{1-x^2} - 4(1-x^2)$$

再由对称性，只需计算对应[0,1]区间部分，再乘2即可，从而所求体积为

$$V = 2\int_0^1 [8\sqrt{1-x^2} - 4(1-x^2)]\,dx$$

$$= 16\int_0^1 \sqrt{1-x^2}\,dx - 8\int_0^1 (1-x^2)\,dx$$

$$= 16 \times \frac{\pi}{4} - 8\left[x - \frac{x^3}{3}\right]\Bigg|_0^1 = 4\pi - \frac{16}{3}$$

由于两圆柱的公共部分构成“牟合方盖”，从而在图5-21截面中，带阴影的正方形是牟合方盖的截面，其截面积为$\left(2\sqrt{1-x^2}\right)^2$，易见牟合方盖的体积为

$$2\int_0^1 \left(2\sqrt{1-x^2}\right)^2 dx = \frac{16}{3}$$

我们知道其内切球体积为$\frac{4}{3}\pi$，显然两体积比为4∶π.

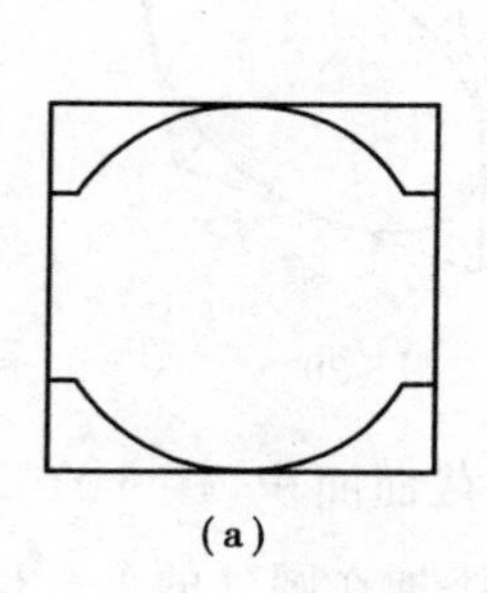

(a)

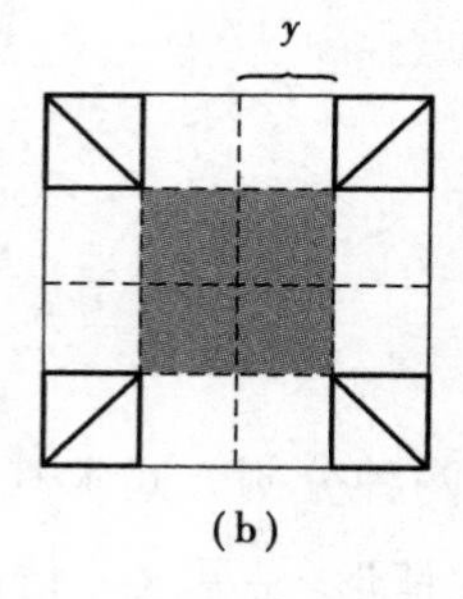

(b)

图5-21

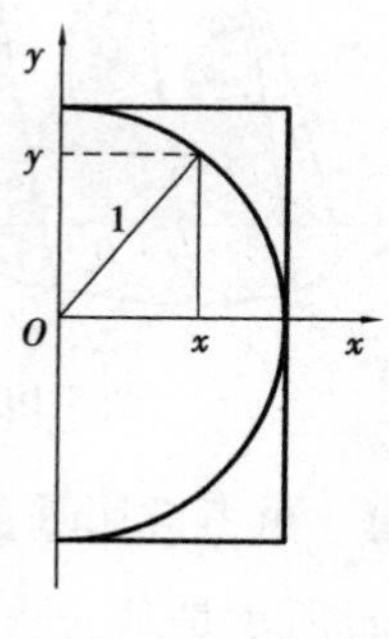

图5-22

5.2.3 弧长问题

1)弧长的概念

在初等数学中，我们已经求出了圆周长等弧长公式. 但弧长的确切定义需要用到极限的概念，图5-23所示是一段曲线弧. 我们在这段弧上插入$n-1$个分点，将弧分为n段. 将相邻分点连接起来，所得的线段长记为$d(P_{i-1},P_i)$ $(i=1,$

$2,\cdots,n)$，以

$$L_P = \sum_{i=1}^{n} \mathrm{d}(P_{i-1},P_i)$$

作为这段弧长的近似值，记 $\|P\| = \max\{\mathrm{d}(P_{i-1},P_i)\}$，若极限

$$\lim_{\|P\|\to 0} \mathrm{L}_P = \lim_{\|P\|\to 0} \sum_{i=1}^{n} \mathrm{d}(P_{i-1},P_i) \tag{5-10}$$

存在，则称此极限值为这段曲线弧的**弧长**. 并称曲线弧 $\overparen{P_0P_n}$ 是**可求长的**.

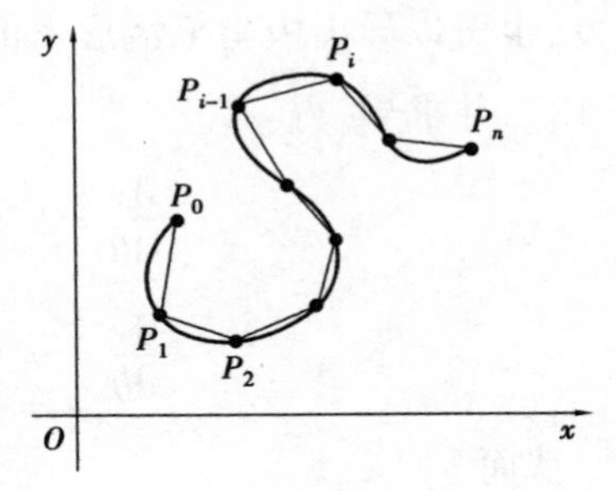

图 5-23

当曲线上每点都存在切线，且当切点沿曲线移动时，切线沿曲线连续转动（曲线斜率连续变化就属于这种情形）时，我们称此曲线是**光滑的**. 可以证明，**光滑曲线是可求长的**.

由于式(5-10)与定积分定义相似，所以容易看出，可以利用定积分来计算曲线的弧长. 我们仍用微分元素法导出曲线弧长的公式，并对曲线由直角坐标方程、参数方程及极坐标方程给出的不同情形分别导出其计算方法.

2）平面曲线弧长的计算

根据微分元素法的思想可知，当用定积分求某一总量时，被积表达式实质上是总量函数的微分表达式. 而在第 4 章第 4. 7 节中，我们已经导出：设平面曲线方程 $y=f(x)$ 具有连续导数，则其弧长微分

$$\mathrm{d}s = \sqrt{1+y'^2}\,\mathrm{d}x$$

从而曲线位于区间 $[a,b]$ 中的弧长为

$$L = \int_a^b \sqrt{1+y'^2}\,\mathrm{d}x$$

设平面曲线弧由参数方程 $\begin{cases} x=\varphi(t) \\ y=\psi(t) \end{cases} \quad \alpha\leqslant t\leqslant\beta$

给出，而 $x=\varphi(t)$ 及 $y=\psi(t)$ 都有连续导数，则其弧长微分为

$$\mathrm{d}s = \sqrt{\varphi'^2(t)+\psi'^2(t)}\,\mathrm{d}t \tag{5-11}$$

设平面曲线弧由极坐标方程

$$r = r(\theta), \alpha \leqslant \theta \leqslant \beta$$

给出时,由直角坐标与极坐标的坐标变换公式

$$\begin{cases} x = r\cos\theta \\ y = r\sin\theta \end{cases} \tag{5-12}$$

出发,也可以导出极坐标情形下的弧长微分表达式,为此,将 $r=r(\theta)$ 式代入式(5-12),并求导,得

$$\frac{dx}{d\theta} = r'(\theta)\cos\theta - r(\theta)\sin\theta$$

$$\frac{dy}{d\theta} = r'(\theta)\sin\theta + r(\theta)\cos\theta$$

从而

$$dx = [r'(\theta)\cos\theta - r(\theta)\sin\theta]d\theta$$

$$dy = [r'(\theta)\sin\theta + r(\theta)\cos\theta]d\theta$$

这样,容易导出

$$dx^2 + dy^2 = [r^2(\theta) + r'^2(\theta)]d\theta^2$$

弧长微分为

$$ds = \sqrt{r^2(\theta) + r'^2(\theta)}\,d\theta \tag{5-13}$$

这样,曲线弧位于区间$[\alpha,\beta]$中的弧长为

$$L = \int_\alpha^\beta \sqrt{r^2(\theta) + r'^2(\theta)}\,d\theta \tag{5-14}$$

例 5-11 求对数曲线 $y=\ln x$ 从 $x=1$ 到 $x=2$ 间一段弧的弧长.

解 由式(5-5)知所求弧长为

$$L = \int_1^2 \sqrt{1 + \frac{1}{x^2}}\,dx$$

在上述积分中代换 $x=\frac{1}{t}$,则

$$L = \int_1^{\frac{1}{2}} \sqrt{1 + t^2}\,d\left(\frac{1}{t}\right)$$

$$= \frac{1}{t}\sqrt{1+t^2}\Big|_1^{\frac{1}{2}} - \int_1^{\frac{1}{2}} \frac{dt}{\sqrt{1+t^2}}$$

$$= \sqrt{5} - \sqrt{2} - \left[\ln\left|t+\sqrt{1+t^2}\right|\right]\Big|_1^{\frac{1}{2}}$$

$$= \sqrt{5} - \sqrt{2}\left[\ln\frac{1+\sqrt{5}}{2} - \ln(1+\sqrt{2})\right]$$

例 5-12 求摆线$\begin{cases} x = t - \sin t \\ y = 1 - \cos t \end{cases}$一拱$(0 \leqslant t \leqslant 2\pi)$的弧长.

解 由于 $dx = (1-\cos t)dt, dy = \sin t dt$,从而由式(5-11)知所求弧长为

$$L = \int_0^{2\pi}\sqrt{(1-\cos t)^2 + \sin^2 t}\,dt = \int_0^{2\pi}\sqrt{2}\sqrt{1-\cos t}\,dt$$

$$= \sqrt{2}\int_0^{2\pi}\sqrt{2}\sin\frac{t}{2}dt = -4\left[\cos\frac{t}{2}\right]\Big|_0^{2\pi} = 8$$

5.3 定积分在经济等领域的应用

第 3 章中我们已介绍过边际函数在经济学中的应用. 例如边际成本为成本函数 $C(x)$的导函数 $C'(x)$,而边际收入为收入函数 $R(x)$的导函数 $R'(x)$. 由于积分是微分运算的逆运算,所以定积分在经济学中也有许多应用,本节我们将介绍用定积分计算最大利润、资金的现值与终值、消费者剩余和生产者剩余及平均值等.

5.3.1 最大利润问题

我们已经知道,边际利润 $L'(x) = R'(x) - C'(x)$是产量的函数,因而在已知边际收入 $R'(x)$与边际成本 $C'(x)$的值时,可以用定积分求出总利润.

例 5-13 设某生产企业固定成本为 50,边际成本和边际收入分别为

$$C'(x) = x^2 - 14x + 111, R'(x) = 100 - 2x$$

试求其最大利润.

解 首先求出获得最大利润的产量. 由于总利润 $L(x) = R(x) - C(x)$,所以 $L(x)$要想取得最大值,必须 $L'(x) = R'(x) - C'(x) = 0$,即 $R'(x) = C'(x)$,这就是经济学中的重要命题:

总利润的最大值在边际收入等于边际成本时取得. 所以应有

$$x^2 - 14x + 111 = 100 - 2x$$

即 $x^2 - 12x + 11 = 0$. 解出 $x_1 = 1, x_2 = 11$ 时利润函数可能取得最大值,这里最大值一定是极大值(为什么?),故 $L''(x) < 0$. 由

$$L'(x) = R'(x) - C'(x) = (100 - 2x) - (x^2 - 14x + 111)$$

$$L''(x) = 12 - 2x$$

由极大值的充分条件 $L''(x) < 0$,得到 $x > 6$. 所以只有 $x_2 = 11$ 满足条件. 由已知条件即可求出企业最大利润为

$$L = \int_0^{11} [(100 - 2x) - (x^2 - 14 + 111)] \mathrm{d}x - 50$$

$$= \int_0^{11} (-x^2 + 12x - 11) \mathrm{d}x - 50 = \frac{484}{3} - 50 = 111\frac{1}{3}$$

5.3.2 资金的现值、终值与投资问题

1)连续复利概念

设有一笔资金 A_0,该项资金的年利率为 r,若把它存入银行,则一年末的本利和 $A_1 = A_0(1 + r)$,k 年末的本利和为

$$A_k = A_0(1 + r)^k \qquad (k = 1, 2, \cdots) \tag{5-15}$$

如果一年分 n 期计息,每期利率为 $\frac{r}{n}$,则一年末的本利和为 $A_1^* = A_0\left(1 + \frac{r}{n}\right)^n$,$k$ 年末的本利和为

$$A_k^* = A_0\left(1 + \frac{r}{n}\right)^{kn} \qquad (k = 1, 2, \cdots) \tag{5-16}$$

比较每年一次计息与每年 $n(n>1)$ 次计息，由于

$$1+r<\left(1+\frac{r}{n}\right)^{n}$$

（由二项展开式展开后即可看出）所以将年利率 r 分为 n 期计息而每期利率为 $\frac{r}{n}$ 时，年利率实质上是增大了. 而且随着 n 的增大该利率 $\left(1+\frac{r}{n}\right)^{n}$ 是单调增加的，但其增大是有上界的. 事实上，由于

$$\lim_{n\to\infty}\left(1+\frac{r}{n}\right)^{n}=\mathrm{e}^{r}$$

所以当计息周期数 $n\to\infty$ 时，原有资金 A_0 在 k 年末的本利和为

$$A_k=\lim_{n\to\infty}A_0\left(1+\frac{r}{n}\right)^{kn}=A_0\mathrm{e}^{kr} \tag{5-17}$$

由于连续复利用指数函数表示便于运算，所以经济学上常常采用连续复利的计算方法.

2）资金现值与投资问题

设现有资金 A 元，若按年利率 r 作连续复利计算，则 t 年末的本利和为 $A\mathrm{e}^{rt}$ 元，我们可称之为 A 元资金在 t 年末的终值. 反之，若 t 年末要得到资金 A 元，按上述同一方式计算连续复利，问现在需要多少资金投入？可设现在投入资金为 x 元，由于

$$x\mathrm{e}^{rt}=A$$

所以

$$x=A\mathrm{e}^{-rt}$$

我们称 x 为 t 年末的资金 A 元的现值，即 t 年末资金 A 元的现值为 $A\mathrm{e}^{-rt}$. 利用终值与现值概念，可以将不同时期的资金转化为同一时期的资金进行比较，所以在经济管理中有重要用途. 经营中的企业，其收入和支出通常是离散地在一定的时刻发生的，例如卖出一批产品后得到货款，或购买原料后支出费用等. 但由于这些资金流转的事经常发生，尤其是对大型企业，为便于计算，其收入或支出常常可以近似看成连续发生的，可称为收入流或支出流. 这时，可将其 t 时

刻单位时间的收入记为$f(t)$,称为收入率,其单位为"元/年"或"元/月"等. 易见,收入率表示收入的"速率",或总收入函数的变化率,它是随时刻t而变化的,所以从某个确定时刻t_0开始,以$f(t)$为收入率的收入流,到时刻T时的总收入为$\int_{t_0}^{T} f(t)\,\mathrm{d}t$. 类似地,也可以定义支出率. 且收入率 - 支出率 = 净收入率,收入率常常指净收入率. 现在我们进一步考虑,如果一个已知收入率的收入流不断存入银行而以连续复利方式计息时,如何折算为某一时期开始或期末的资金值,也就是说,如何求收入流的终值或现值?

设某企业在时间段$[0,T]$内的收入率为$f(t)$(把$f(t)$视为连续的),按年利率为r的连续复利计算,求该时间段内总收入的现值和终值. 下面用微元法讨论. 分割$[0,T]$区间,取一典型区间$[t,t+\mathrm{d}t]$,该时间段内的收入近似为$f(t)\,\mathrm{d}t$,其现值为

$$f(t)\,\mathrm{e}^{-rt}\mathrm{d}t$$

这就是总收入现值的微分元素. 所以所求总收入的现值为

$$Y = \int_0^T f(t)\,\mathrm{e}^{-rt}\mathrm{d}t \tag{5-18}$$

这就是总收入终值的微分元素,从而所求总收入的终值为

$$y = \int_0^T f(t)\,\mathrm{e}^{(T-t)r}\mathrm{d}t \tag{5-19}$$

5.3.3 消费者剩余与生产者剩余

1)需求曲线与供给曲线

消费者在一定的价格条件下,愿意购买并有支付能力购买的商品量称为需求或需求量.

生产者在一定的价格条件下,愿意出售并可以提供的商品量称为供给或供给量.

经济学上通常用P表示商品价格,商品价格在一般情形下应被视为自变量,这是因为某种商品的价格一般是由总的市场决定的,消费者与生产者都没

有能力改变它. 所以这时供给量和需求量都可以看成价格的函数,分别称为需求函数和供给函数.

容易理解,需求函数相对于商品价格通常是单调减少的,即商品价格越高,需求量越小;反之,供给函数相对于商品价格是单调增加的,即商品价格越高,生产者越愿意拿更多的产品去满足市场,而商品价格越低,生产者可提供的商品量越少.

由于历史的原因,在描绘需求与供给函数的图形时,通常把商品价格作为纵轴,而商品数量作为横轴,图 5-24 给出了典型的需求曲线与供给曲线的图形,图上的需求曲线在纵轴上的截距表示商品价格的最大值,在此价格水平以上商品无人购买,该曲线在横轴上的截距表示商品的最大需求量,即使社会全部需求得到满足的需求量.

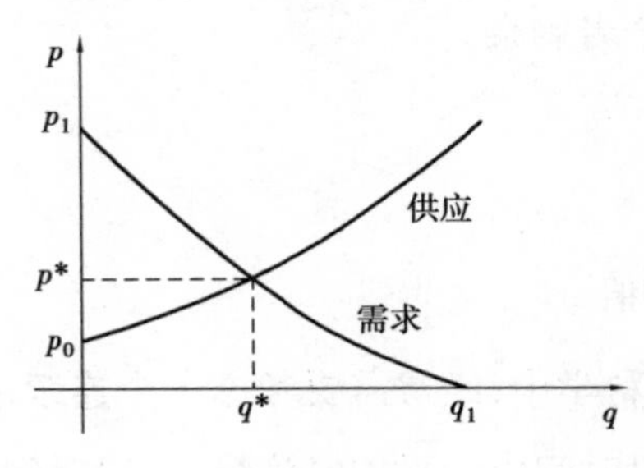

图 5-24

图上的供给曲线在纵轴上的截距表示商品的最低价格,即低于这一价格将无人提供该商品.

两条曲线的交点处的坐标 q^* 与 p^* 分别称为平衡数量与平衡价格,通常商品数量与市场价格的变化会趋向于 q^* 与 p^*.

2)消费者剩余与生产者剩余

图 5-25 中,$P=S(q)$ 与 $P=D(q)$ 分别表示供给曲线与需求曲线,E 表示价格数量的平衡点,设某消费者本来打算以 p_1-p_E 的价格购买某商品,但实际以 p_E 的价格买到了该商品,则 p_1-p_E 就成为消费者在购买该商品时省下来的钱,所以根据定积分的意义,位于需求曲线 $P=D(q)$ 下侧,线段 P_EE 侧的曲边三角形面积应是所有消费者采取上述购买行为省下来的钱的总和,所以称为消费者剩余.

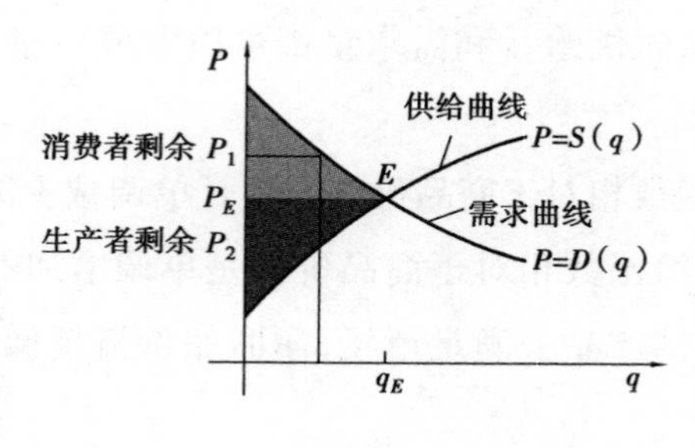

图 5-25

设某生产者原计划以 $P_2 < P_E$ 的价格提供某商品，结果却以 P_E 的价格成交了，那么 $P_E - P_2$ 表示生产者本来打算以较低价格 P_2 出售商品而实际卖价为 P_E 获得的额外收入. 所以与消费者剩余的同样理由，位于线段 P_EP 下侧而位于供给曲线 $P=S(q)$ 上侧的曲边三角形面积表示生产者采取上述行为所获得的额外收入的总和，称为生产者剩余.

5.3.4 平均值问题

1)连续函数的平均值

在经济领域与自然科学中，经常需要考虑一个连续函数 $f(x)$ 在区间 $[a,b]$ 上的平均值. 例如求某段时间内的平均经济量、一段时间内的平均气温等，下面讨论如何定义及计算连续函数 $f(x)$ 在区间 $[a,b]$ 上的平均值.

把区间 $[a,b]$ n 等分，设分点为

$$a = x_0 < x_1 < x_2 < \cdots < x_{n-1} < x_n = b$$

$[a,b]$ 也随之分为 n 个小区间，每个小区间的长度为 $\Delta x = \frac{b-a}{n}$. 设在这些分点处的函数值为 $y_0, y_1, y_2, \cdots, y_n$，即 $y_i = f(x_i)$ $(i=0,1,2,\cdots,n)$. 由于函数是连续的，可以用每个小区间右端点的函数值 $y_1, y_2, \cdots, y_n$ 作小段上函数平均值的近似，进一步用

$$\frac{y_1 + y_2 + \cdots + y_n}{n}$$

来逼近函数$f(x)$在$[a,b]$上的平均值$\bar{y}$. 显然n越大,小区间的长度Δx就越小,上述平均值越能准确地表达函数$f(x)$在区间$[a,b]$上所取“一切值”的平均值.因此我们称极限

$$\bar{y}=\lim_{n\to\infty}\frac{y_1+y_2+\cdots+y_n}{n}$$

为函数$f(x)$在区间$[a,b]$上的平均值,由定积分定义可知

$$\begin{aligned}\bar{y}&=\lim_{n\to\infty}\frac{y_1+y_2+\cdots+y_n}{n}=\lim_{n\to\infty}\frac{y_1+y_2+\cdots+y_n}{b-a}\cdot\frac{b-a}{n}\\&=\frac{1}{b-a}\lim_{n\to\infty}\sum_{i=1}^{n}f(x_i)\Delta x=\frac{1}{b-a}\int_a^b f(x)\,\mathrm{d}x\end{aligned}$$

即连续函数$y=f(x)$在区间$[a,b]$上的平均值$\bar{y}$等于函数$f(x)$在区间$[a,b]$上的定积分除以区间长度$(b-a)$,即

$$\bar{y}=\frac{1}{b-a}\int_a^b f(x)\,\mathrm{d}x \tag{5-20}$$

2)加权平均值问题

我们以商业中的问题为例讨论连续函数的加权平均值.

销售某种商品,以每单位售价p_1元销售了q_1个单位的商品,调整价格后以每单位售价p_2元销售了q_2个单位的商品,则在整个销售过程中,该商品的平均售价为

$$\frac{p_1q_1+p_2q_2}{q_1+q_2}$$

我们将这种平均值称为加权平均值.

一般地,设$y_1,y_2,\cdots,y_n$为实数,$k_1,k_2,\cdots,k_n>0$,称

$$\frac{k_1y_1+k_2y_2+\cdots+k_ny_n}{k_1+k_2+\cdots+k_n}$$

为$y_1,y_2,\cdots,y_n$关于$k_1,k_2,\cdots,k_n$的加权平均值,其中$y_1,y_2,\cdots,y_n$称为资料数据,$k_1,k_2,\cdots,k_n$称为权数.

显然,当$k_i=1(i=1,2,\cdots,n)$时,加权平均值简化为算术平均值.

现在讨论连续变量的情形. 假设某商店销售某种商品，在某一时间段$[T_1, T_2]$内，该商品的售价以及单位时间内的销售量都与时间有关. 已知在时刻t时售价$p=p(t)$，单位时间内的销售量$q=q(t)$，下面计算该商品在时间段$[T_1, T_2]$上的平均售价.

在区间$[T_1, T_2]$上取典型区间$[t, t+\mathrm{d}t]$，在该区间内该商品的售价近似为$p(t)$，销售的数量近似为$q(t)\mathrm{d}t$，则该区间内销售商品所得的收益近似为

$$p(t)q(t)\mathrm{d}t$$

这就是在$[t, t+\mathrm{d}t]$时间段内销售该商品所得收益$R(t)$的微元，即

$$\mathrm{d}R = p(t)q(t)\mathrm{d}t$$

于是，在$[t, t+\mathrm{d}t]$时间段内销售该商品的总收益$R(t)$与销售总量$Q(t)$分别为

$$R = \int_{T_1}^{T_2} p(t)q(t)\mathrm{d}t, \qquad Q = \int_{T_1}^{T_2} q(t)\mathrm{d}t,$$

从而这段时间内该商品的平均售价为

$$\bar{p} = \frac{1}{x} = \frac{\int_{T_1}^{T_2} p(t)q(t)\mathrm{d}t}{\int_{T_1}^{T_2} q(t)\mathrm{d}t} \tag{5-21}$$

一般地，如果$f(x)$，$w(x)$是$[a, b]$上的连续函数，且$w(x) \geqslant 0\ (w(x) \neq 0)$，那么

$$\bar{f} = \frac{\int_a^b f(x)w(x)\mathrm{d}x}{\int_a^b w(x)\mathrm{d}x} \tag{5-22}$$

称为函数$f(x)$关于权函数$w(x)$在区间$[a, b]$上的加权平均值.

显然令$w \equiv 1$，加权平均值就转化为算术平均值.

参考文献

[1] 电子科技大学成都学院大学数学教研室. 微积分与数学模型:上[M].2版. 北京:科学出版社, 2017.

[2] 贾晓峰. 微积分与数学模型:上[M].3 版. 北京:高等教育出版社, 2015.

[3] 赵志新. 微积分[M]. 北京:中国计量出版社, 2017.

[4] 李伟军,胡正波,王子龙. 经济应用数学基础:微积分[M]. 北京:航空工业出版社, 2012.

[5] 康永强,陈燕燕. 应用数学与数学文化[M]. 北京:高等教育出版社, 2019.

[6] 郑德印. 高等数学[M]. 北京:北京邮电大学出版社, 2018.

[7] 曹建莉,肖留超,程涛. 数学建模与数学实验[M].2 版. 西安:西安电子科技大学出版社, 2018.

[8] 邓光. 数学应用技术[M] 上海:同济大学出版社, 2017.

[9] 徐海燕. 经济数学[M]. 北京:北京理工大学出版社, 2016.

[10] 王烂曼,刘玫星. 应用数学实用教程[M]. 北京:北京理工大学出版社, 2016.

[11] 徐茂良. 数学建模与数学实验[M]. 北京:国防工业出版社, 2015.

[12] 易昆南. 基于数学建模的数学实验[M]. 北京:中国铁道出版社, 2014.

[13] 冉兆平. 微积分[M]. 上海:上海财经大学出版社, 2013.

[14] 汪子莲. 高等应用数学[M]. 北京:北京邮电大学出版社, 2012.

参考文献